公民安全防范与应对知识丛书

网络

安全事件防范与应对

WANGLUO ANQUAN
SHIJIAN FANGFAN YU YINGDUI

丛书主编　陈祖朝
本书主编　杨文俊

中国环境出版集团·北京

图书在版编目（CIP）数据

网络安全事件防范与应对 / 杨文俊主编 . -- 北京 ：
中国环境出版集团，2017.6（2019.11 重印）
（公民安全防范与应对知识丛书）
ISBN 978-7-5111-3018-1

Ⅰ．①网… Ⅱ．①杨… Ⅲ．①计算机网络—安全技术
Ⅳ．① TP393.08

中国版本图书馆 CIP 数据核字（2017）第 042152 号

出 版 人　武德凯
责任编辑　俞光旭　赵楠婕
文字编辑　王　菲
责任校对　尹　芳
装帧设计　金　喆

出版发行　**中国环境出版集团**
　　　　　（100062 北京市东城区广渠门内大街 16 号）
　　　　　网　　址：http://www.cesp.com.cn
　　　　　电子邮箱：bjgl@cesp.com.cn
　　　　　联系电话：010-67112765（编辑管理部）
　　　　　　　　　　010-67147349（第四分社）
　　　　　发行热线：010-67125803，010-67113405（传真）
印　　刷　北京市联华印刷厂
经　　销　各地新华书店
版　　次　2017 年 6 月第 1 版
印　　次　2019 年 11 月第 2 次印刷
开　　本　880×1230　1/32
印　　张　5.75
字　　数　115 千字
定　　价　22.00 元

《公民安全防范与应对知识丛书》

总策划

陈祖朝　俞光旭　徐于红

丛书编委会

主　编　陈祖朝

副主编　陈晓林　周白霞

编　委　周白霞　马建云　陈晓林　王永西

　　　　范茂魁　杨文俊　张　军

《网络安全事件防范与应对》

本书策划

杨文俊　赵　艳　赵楠婕　王　菲

本书编委会

本书主编　杨文俊

编　　者　杨文俊　任志明　郭钦元

绘　　画　陈镇绘画工作室

序

安全，使生命得到保证，身体免于伤害，财产免于损失。在人类生存的过程中，它是一种希望、一种寄托、一种期盼，它是来自生命最本能、最真切的呼唤！

安全是为了什么？安全是为了自己，为了家人，为了单位，为了社会，为了你我他……

对于我们每一个人来说，安全是通往成功彼岸的必备要素，只有在确保安全的前提下，才能抵达成功的彼岸去感受成功的喜悦；它又是培育幸福的乐土，只有在安全这片沃土的培育下，幸福之花才能绽放在你的生命旅程中。

人的一生，虽然拥有安全不等于拥有一切，但没有安全作根基，就一定没有一切。因此，在当今这个缤纷繁杂的大千世界里，人人都应树立居安思危意识。人无远虑，必有近忧；重视安全者胜，忽视安全者败，这已被社会生活中的无数事实所证明。于是，《公民安全防范与应对知识丛书》的编者们，抱着促进和谐社会发展、共建幸福人生的愿望与憧憬，将当代现实生活中人们最常见的食品安全、居家安全、网络安全、旅游安全、交通安全、违法犯罪事件的防范与应对知识，以通俗易懂的语言、丰富翔实的案例、图文并茂的形式展现给读者，进而带动全社会关注安全问题，并期盼有缘分翻阅此丛书的朋友，能从中了解和掌握自己在日常生活中需要的安全事故（事件）防范与应对知识，使自己、家人和身边的朋友远离事故的危害，尽量避免伤害在我们面前发生。

本丛书由中国环境出版社组织编写出版，中国消防科普委员会委员、长期在社会单位从事防灾减灾宣传教育活动的资深专家陈祖朝担任主编；由几十年来一直在公安消防部队高等专科学校教学科研战线工作、对各类安全事故的防范与应对有着深厚理论功底和丰富实战经验的周白霞、陈晓林、王永西、马建云、范茂魁、杨文俊六位教官分别担任分册主编。在编写过程中，我们参考并直接或间接地引用了国内外相关专家学者的观点和知识；各分册的编者们都是在教学科研一线的骨干，他们在努力完成本职工作的同时，不辞辛苦地利用业余时间完成撰稿，在此一并表示衷心感谢！

但愿这套丛书能为有缘分翻阅的读者朋友们，在人生的旅途中打开一扇通往平安道路的大门。

祝愿天下人一生平安！

丛书编委会
2017 年 5 月

前言

随着计算机应用技术的发展，计算机网络技术也迅速普及，个人电脑、智能手机、智能电视已经逐步深入人们的生活当中。网络给人们的生活带来了很大便利，足不出户便可以网上购物、缴纳水电煤气费用、进行金融产品理财，甚至与千里之外的家人朋友联系，互联网已逐渐成为人们生活中必不可少的一部分。但随之而来的木马软件、病毒、恶意程序、网络诈骗等也时刻威胁着人们的切身利益。如个人电脑在使用过程中会莫名被"远程控制"、银行卡明明在自己身上钱却被别人取走、使用手机时不知不觉被人定位……

网络的安全性和可靠性已成为不同使用层次的用户共同关心的问题，个人电脑及互联网中的各类设备能否安全运行，也成了当前信息社会普遍关注的话题。学习网络安全知识，认识网络带来的便利与危害，掌握主动防御技巧，养成良好的网络使用习惯，才能防患于未然，将损失降到最低。

为此，我们组织人员编写了《公民安全防范与应对知识丛书——网络安全事件防范与应对》。本书依据国家法律、法规，选取了近年来典型的网络安全事件案例，针对电脑上网、手机上网、网络诈骗、电信诈骗、网络暴力、个人信息安全、智能手机使用安全等方面，进行了深入浅出的分析，并介绍了如何防范、应对措施及注意事项，对提高公民的网络安全意识、避免网络安全事件的发生具有重要的指导意义。本书第一章、第二章、第三章由公安消防部队高等专科学校杨文俊编写，第四章、第七章由公安消防部队高等专科学校任志明编写，第五章、第六章由公安消防部队高等专科学校郭钦元编写。本书漫画作者为云南省消防总队陈镇。

由于编写人员理论水平和实践经验有限，书中错误和不足之处在所难免，欢迎广大读者批评指正。

编　者

2017 年 3 月

目录

第一章
网络安全基础知识

计算机网络，指的就是利用网线、同轴电缆、光纤或无线信号等通信线路相互连接的独立自主的计算机的集合，是信息传输、接收、共享的虚拟平台，通过它把各个点、面、体的信息联系到一起，从而实现资源的共享。我们可以通过网络进行查阅资料、学习知识、社交活动、购物消费等活动。网络是人类有史以来最重要的发明，推动了科技和人类社会的发展。本书中所称的网络，是指在计算机领域中的互联网（Internet），又称因特网。

一、网络的发展历史

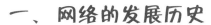

互联网这一个庞大的网络，可以追溯到 20 世纪 60 年代初。当时，为了保证美国本土防卫力量和海外防御武装在受到苏联第一次核打击以后仍然具有一定的生存和反击能力，美国国防部认为有必要设计出一种分散的指挥系统：它由一个个分散的指挥点组成，当部分指挥点被摧毁后，其他点仍能正常工作，并且在这些点之间能够绕过那些已被摧毁的指挥点而继续保持相互联系。为了对这一构思进行验证，1969 年，美国国防部国防高级研究计划署（DOD/DARPA）资助建立了一个名为"阿帕网"（ARPANET）的网络，这个网络把位于洛杉矶的加利福尼亚大学、位于圣芭芭拉的加利福尼亚大学、斯坦福大学，以及位于盐湖城的犹他州州立大学的计算机主机连接起来，位于各个节点的大型计算机采用分组交换技术，通过专门的通信交换机和专门的通信线路相互连接。该阿帕网就是 Internet 最早的雏形。

1982 年，"网络互联"的概念被提了出来。计算机网络通过 TCP/IP 协议互相连接在一起，随着接入主机数量的增加，越来越多的人把 Internet 作为通信和交流的工具，一些公司还陆续在 Internet 上开展商业活动，使 Internet 有了质的飞跃，并最终走向全球。

1986 年 8 月 25 日，我国一名科学家从北京向瑞士一名诺贝尔奖获得者发送的电子邮件（E-mail），是中国第一封国际电子邮件。

1993 年是因特网发展过程中非常重要的一年，在这一年中因特网完成了到目前为止所有重要的技术创新。通过 WWW（万维网）和浏览器的应用，人们在因特网上所看到的内容不仅只是文字，而且有了图片、声音和动画，甚至还有了电影。因特网演变成了一个集文字、图像、声音、动画、影片等多种媒体于一体的新世界，更以惊人的速度向全世界席卷而来。

1994 年 4 月，中国国家计算机与网络设施联合设计组（NCFC）率先与美国 NSFNET 直接互联，实现了中国与 Internet 全功能网络连接，标志着我国最早的国际互联网络的诞生。中国科技网成为中国最早的国际互联网络。

2000 年，中国三大门户网站搜狐、新浪、网易在美国纳斯达克挂牌上市。

截至 2008 年 6 月底，中国网民数量达到 2.53 亿人，跃居世界第一位。

截至 2013 年 12 月，我国网民规模达到 6.18 亿人，全年新增网民 5 358 万人。互联网普及率为 45.8%。与此同时，手机网民规模达到 5 亿人，年增长率为 19.1%，手机继续保持第一大上网终端的地位，依然是中国网民增长的主要驱动力。

延伸阅读——"互联网+"的提出

图 1-1　"互联网+"

　　近年来，随着互联网的发展，"互联网+"的概念也被提了出来。通俗地讲，"互联网+"就是"互联网+各个传统行业"，但这并不是简单的两者相加，而是利用信息通信技术以及互联网平台，让互联网与传统行业进行深度融合，并且将其改造成具备互联网属性的新商业模式，创造新的发展生态。如图 1-1 所示。这个"+"既是政策连接，也是技术连接，还是人才连接，更是服务连接，最终实现互联网企业与传统企业的对接与匹配，从而帮助完成两者相互融合的历史使命。多年来，"互联网＋"已经改造并影响了多个行业，比如说当前大家熟悉的电子商务、互联网金融、在线旅游、在线影视、在线房产等行业都是"互联网＋"的杰作。因其具备可行性并能改善民生、惠及社会，所以现在政府大力支持并督促社会各界执行。

事实上，互联网还远远不是我们经常说到的"信息高速公路"。这不仅因互联网的传输速度不够，更重要的是互联网还没有定型，还一直在发展、变化。正如互联网经历了 1.0、2.0、3.0（互联网＋）时代一样，任何对互联网的技术定义也只能是当下的、现时的。随着越来越多的人加入并使用互联网，也会不断地从社会、经济、文化的角度对互联网的本质、价值和意义提出新的认知和理解。

二、 网络带来的便利

随着智能手机和移动互联网的普及，以及大数据、云计算的出现和运用，互联网迎来了新一轮革命。这场革命不仅会对社会的各个方面产生颠覆性的影响，还会改变人类世界的空间轴、时间轴和思想维度。当然，无论是从生活、工作还是其他的方方面面，互联网带给人类的便利是毋庸置疑的。

（一）沟通交流更便利

互联网的出现固然是人类通信技术的一次革命，然而，其发展早已超越了当初 ARPANET 的军事和技术目的，几乎从一

开始就是为人类的交流服务的。即使是在 ARPANET 的创建初期，美国国防高级研究计划署指令与控制研究办公室（CCR）主任利克里德尔就已经强调，计算机和计算机网络的根本作用是为人们的交流服务，而不单纯是用来计算。后来，麻省理工学院计算机科学实验室的高级研究员 David Clark 也曾经写道："把网络看成是计算机之间的连接是不对的。相反，网络把使用计算机的人连接起来了。"互联网就是一个能够相互交流沟通、相互参与的互动平台。如图 1-2 所示。在互联网中，电子邮件始终是使用最为广泛也最受重视的一项功能。人们早已告别了飞鸽传书、雁去鱼来的时代，只需要双方都拥有一个邮箱账户，便能通过互联网轻松地将电子邮件发送给朋友。免去了往昔邮差的跋山涉水，也不用担心信件在路途中丢失，弹指间，对方就能读到你的邮件。同样地，掏出手机，就可以与久未谋面的朋友聊天叙旧；足不出户，也可以通过视频聊天与远方的家人"面对面"地嘘寒问暖……由于电子邮件、网络电话、QQ、微信、微博等社交软件的出现，人与人之间的交流更加方便了。

一部手机，一台计算机，工作生活全搞定。网络真是方便快捷。

图 1-2　互联网带来沟通便利

（二）获取资讯更容易

据统计，50%的互联网用户阅读在线的杂志，48%的用户阅读在线报纸。"网络就是传媒"，网页实质上就是出版物，它具有印刷出版物所应具有的几乎所有功能。几年来互联网发展的事实，证明了这一点。同时，与印刷出版物相比，网页更具优势。

首先是网页成本低。在纸张紧缺、成本较高的情况下，网页的优点就格外明显。因为，与印刷出版物不同，网页只是一种电子出版物，建立网页并不需要纸张。如图1-3所示。

图 1-3　网页成本低

其次是网页受众广。既然不必花钱，谁都喜欢多看一些东西，因此，好的网页肯定比好的书报传播面广得多。一个好的网页通常每天都有几万人次甚至几十万人次浏览，其影响也就可想而知了。

再次是网页传播速度快。对于电子出版物，其网页的传播速度是印刷出版物所不能比拟的。不用说书籍，即使是报纸，从编辑、排版、印刷到发行都需要时间，而网页则非常简单，编辑好后只要上传到网上就行了。互联网上影响较大的新闻网页都是每小时更新一次内容，读者可以常看常新，随时追踪事件的发展。互联网可以比任何一种方式都更快、更经济、更直观、更有效地把一个思想或信息传播开来。

最后是网页易查找。网页使用的是超文本文件格式，可以通过链接的方式指向互联网上所有与该网页相关的内容。不管是进行理论研究，还是读新闻，都可以很方便地找到相关的资料。并且，这些材料并非别人写好了强加于你，而是由你参与其中，自己找出来的。

（三）交易理财更方便

通过网络支付、在线交易，卖家可以用很低的成本把商品卖到全世界，买家则可以用很低的价格买到自己心仪的商品，比如现在大家广泛使用的淘宝、京东、亚马逊等电商平台。另外，用户还能开通网上银行进行转账、支付、外汇买卖、网络炒股、基金的买卖等。截至 2013 年 12 月，我国网络购物用户规模达到 3.02 亿人，使用网上支付的用户规模达到 2.60 亿人，在网上预订过机票、酒店、火车票或旅行行程的网民规模达到 1.81 亿人。这充分说明，越来越多的用户已经更加青睐通过网络的方式进行生活、商务交易和理财。

（四）下载速度更迅速

互联网速度快和容量大的优势随着时代的发展也愈发凸显。

据称，英国、韩国正在研发 5G（第五代移动通信），并打算在 2020 年前推出。我国"十三五"规划纲要已明确提出要加快信息网络新技术开发应用，积极推进 5G 和超宽带关键技术研究，启动 5G 商用。5G 意味着什么呢？即速度是 4G 的 100 倍，相当于一秒可下载 33 部高清电影，网络延时仅 1 毫秒。

（五）资源共享更环保

在发达国家，一种"随时使用、何必拥有"的新的生活方式正在被越来越多的人所接受。在美国，年轻人共享汽车正在成为时尚，全国有 80 万人加入了汽车共享俱乐部，全球有 27 个国家共 170 万人享受汽车共享服务。还有一种"沙发旅行"也很流行。它原本是指不认识的两个人，通过网络相识，到对方所在的国家旅游时借宿对方家客厅的互助旅行方式，没想到现在却成了一种旅游新潮流，其会员已发展到全球 207 个国家的 550 万人。

但是，人类在充分利用互联网改善生活方式获取更大幸福的同时，似乎也正在一步一步成为互联网的奴隶，互联网给人类带来的危害也不少。比如对互联网越来越依赖、人与人之间越来越冷漠，甚至有人对互联网还产生了恐惧。

三、网络带来的危害

（一）沉迷网络无益身心健康

网络中到处都是新鲜的事物，并且日新月异，对易于接受

新鲜事物的青少年有着极高的吸引力，这种吸引往往会导致青少年对网络极度迷恋成为网迷。男性大学生是网迷的中坚力量，也是网络性心理障碍的多发群体。沉迷后，因为缺乏社会沟通和人际交流，将网络世界当作现实生活，脱离社会，与他人没有共同语言，从而出现孤独不安、情绪低落、思维迟钝、自我评价降低等症状，严重的甚至有自杀意念和行为。医学上把这种症状叫作"互联网成瘾综合征"（IAD）。有研究显示，长时间上网会使大脑中的化学物多巴胺水平升高，这种物质令患者呈现短时间的高度兴奋，沉溺于网络的虚拟世界不能自拔，患者初期只是表现为渴望上网冲浪、玩游戏，之后就会出现食欲不振、焦躁不安等现象，甚至会引发心血管疾病等各种疾患，需要接受深度的心理辅导。如图 1-4 所示。

图 1-4　沉迷网络无益身心健康

（二）依赖网络人际关系趋于冷漠

由于网络将各个地方的站点连在一起，形成一个虚拟的空间。这样，全球实际上有两种存在，即领土意义上的社会存在和虚拟的网络社会存在，这两种存在之间的反差十分巨大，造成了许多青年逃避现实，不愿回到真实的世界中来。同时，人们摄取信息时过于依赖网络，使他们以一种外在化、符号化的方式和冷冰冰的操作来对待整个人类和真实的社会，人与人的交往比以往任何时候都困难，个人也会产生紧张、孤僻、情感缺乏等症状，有些甚至产生人格障碍和人际交往障碍，只会纸上谈兵，无法面对真实的社会。

（三）鱼龙混杂充斥负面有害信息

由于技术的原因，现在对网上的内容没有也很难做到严格的审查和核实，使得有用与无用的、正确与错误的、先进与落后的信息充斥网络，淫秽、色情、暴力等丑恶内容也在网络上广泛传播。这些造成了青少年是非观念模糊、道德意识下降、社会责任感弱化、身心健康受到危害。同时，互联网的开放性和全球性特征，使西方文化的渗透加剧。发达国家垄断着网络上的信息资源，能够通过网络向全球大众不断地传递文化信息，冲击发展中国家的思想阵地，使青少年形成西方化的倾向，民族观念和爱国主义思想淡薄。

（四）漏洞频出信息财产易受损失

在互联网中，由于要尽可能地实现资源共享，所以接收信息的节点一般有多个。由于没有办法保证每个节点的安全性，所以极易感染计算机病毒。而病毒一旦侵入计算机，后果将不堪设想。病毒会在网络内以极快的速度进行再生和传染，很快波及整个网络，使各个网络阶段都受到感染。如果没有很好的应急措施，那么在短时间内就会造成网络的瘫痪。如近几年的"冲击波""震荡波""熊猫烧香"等病毒都给我们的正常工作造成过严重威胁。同时，2013年的"棱镜门"及同年的"如家、汉庭酒店开房记录泄露"事件、2014年的"好莱坞艳照门"等，都说明互联网时代，整个世界包括人的一切活动都将在网络世界里暴露无遗。这样就给维护国家安全和保护个人隐私提出了更为严峻的挑战。

四、我国网络安全现状

随着全球信息技术日新月异的发展，网络信息安全环境日趋复杂，网络安全已经成为各国共同关注的现实问题，世界各国纷纷将网络安全提升到国家战略高度予以重视。一些西方国家利用手中的网络主导权，正在采取各种手段，从他国网络获取情报信息或硬性摧毁，以实现其国家战略目标。以美国为例，作为全球网络主导者，早就制定了完善的网络空间安全国家战略，并奉行"以攻为主、先发制人"的网络威慑战略，将网络情报收集、防御性网络行动和进攻性网络行动确立为国家行动。"震网"事件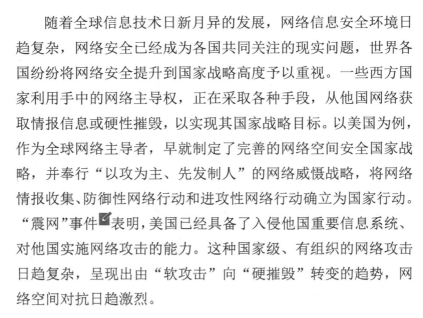表明，美国已经具备了入侵他国重要信息系统、对他国实施网络攻击的能力。这种国家级、有组织的网络攻击日趋复杂，呈现出由"软攻击"向"硬摧毁"转变的趋势，网络空间对抗日趋激烈。

知识补充——"震网"事件

　　震网（stuxnet）病毒因于2010年6月悄然袭击伊朗核设施而被首次发现，它被称为有史以来最复杂的网络武器，其复杂程度远超一般计算机黑客的能力。这种新病毒采取了多种先进技术，具有极强的隐身和破坏力。它能自我复制，并将副本通过网络传输，任何一台个人计算机只要和染毒计算机相连，就会被感染。它能够定向攻击真实世界中基础（能源）设施，比如核电站、水坝、国家电网。2013年3月，《中国解放军报》报道，美国曾利用"震网"蠕虫病毒攻击伊朗的铀浓缩设备，已经造成伊朗核电站推迟发电，使近500万网民及多个行业的领军企业遭此病毒攻击。这种病毒可能是新时期电子战争中的一种武器。

　　中国国家主席习近平指出"没有网络安全就没有国家安全"，充分说明我国已将保障网络安全的工作提升到了一个新的高度。数据显示，截至2013年年底，中国网民规模突破6亿人，手机用户超过12亿人，拥有400万家网站，电子商务市场交易规模达10万亿元，中国已成为名副其实的网络大国。然而，中国的网络安全却严重滞后于网络技术和信息产业的发展，主要表现在：

（一）核心技术与关键设备严重依赖他国

　　2012年1月，美国"安全与国防议程"智囊团发布报告，将全球 23 个国家的信息安全防御能力分为 6 个梯队，中国处于中下等的第 4 梯队，网络与信息系统安全防护水平很低，中国一流的网络规模却只有四流网络安全防御能力。2014 年 3 月，"棱镜门"爆料人斯诺登再次透露，美国国家安全局自 2007 年开始，就入侵了中国通信设备企业华为的主服务器。其中一个重要原因，就是中国重要信息系统、关键基础设施中使用的核心信息技术产品和关键服务依赖国外。相关数据显示，全球网络根域名服务器为美国掌控；中国 90% 以上的高端芯片依赖美国几家企业提供；中国政府、金融、能源、电信、交通等领域的信息化系统主机装备中近一半采用国外产品；中国基础网络中七成以上的设备来自美国思科公司，几乎所有的超级核心节点、国际交换节点、国际汇聚节点和互联互通节点都由思科公司掌握；90% 以上的智能操作系统都由美国企业提供。

（二）网络信息与数据流失

随着云计算、物联网、移动互联网、大数据、智能化等网络信息化新兴应用持续拓展，使中国大量数据和信息单方面流向西方发达国家的问题更加严重，信息失衡将成为未来更为主要的安全威胁。以微软的操作系统、因特尔的芯片、思科的交换路由产品等为代表的美国 IT 产品基本统领了前 20 年全球信息化进程。未来 20 年，加上谷歌、苹果、Facebook、推特等其他美国科技企业所提供的先进、方便的互联网服务，全球网络信息都向美国单方向聚合，形成了巨大的信息链流失风险。赛门铁克、IBM、惠普等美国企业垄断了全球 75% 的市场份额，也占据了中国政府 80% 的容灾备份市场份额，中国大量政府部门的网络信息数据由此渠道单向流入美国。中国大量信息数据单向流向美国，带来的直接后果就是让美国获得运用大数据分析中国政治、经济、社会的最新动态和趋势的能力。通俗地说，就是美国人比中国人还了解中国人在干什么。利用强悍的大数据分析，美国甚至可以比中国政府更清楚更早地知道，某地或某个中国群体在做什么、未来的想法是什么。

知识补充——什么是"容灾备份"

容灾备份是指在相隔较远的异地，建立两套或多套功能相同的 IT 系统，互相之间可以进行健康状态监视和功能切换，当一处系统因意外（如火灾、地震等）停止工作时，整个应用系统可以切换到另一处，使该系统功能可以继续正常工作。容灾是为了保证信息系统在遭遇灾害时能正常运行，备份是为了应对数据的丢失。其最终目标是帮助企业应对人为误操作、软件错误、病毒入侵等"软"性灾害以及硬件故障、自然灾害等"硬"性灾害。

（三）整体安全意识薄弱

中国网络安全更容易被忽视的隐患，来自被过度信赖的内部网络物理隔离系统，这一点在我国党政机关、军队、关键领域重点企业等领域表现得更为突出。内部网络系统的物理隔离一直被认为是保障网络和信息安全的重要手段，也是网络系统最底层的保障措施。在传统观念中，只要不和外界网络发生接触，内网隔离就能从根本上杜绝网络威胁。但有媒体发现，中国不少重点行业和党政部门的网络信息安全防御形同虚设。某公司曾对中国教育系统、航空公司、司法机构等 100 多家重点行业关键企业和机关部门的内部网络进行测试，在为期 30 分钟至 3 天不等的时间内，上述网络被全部攻破。有研究表明，中国半数以上的重要信息系统难以抵御一般性网络攻击，利用一般性攻击工具即可获取大多数中央部委门户网站控制权。

造成这种问题的主要原因就是相关部门与人员的网络安全意识淡薄。隔离网系统升级不及时、整体保护意识低，却过度依赖物理隔离手段，致使内部网络物理隔离事实上漏洞百出，一些单位隔离的内部网络木马病毒横行。另一项检测发现，中国 100 多万个网站中，65% 左右有漏洞，近 30% 是高危漏洞，一名黑客坦言，"基本上你只要下功夫，这个站就能被拿下"。根据斯诺登公布的材料，美国掌握了 100 多种方法可攻破物理隔离的内部网络系统。例如在"震网"事件中，伊朗的核设施虽然进行了物理隔离，但美国仍利用高级漏洞，通过 U 盘摆渡等手段，入侵了内网，最终破坏了铀浓缩机。

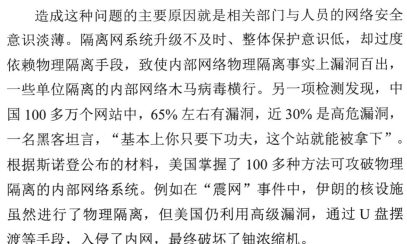

 延伸阅读——无须网络照样黑你没商量

2014 年 SONY 公司遭到朝鲜黑客入侵，所有机密信息几乎被席卷而去，据说是员工在最后关头拔掉了网线才勉强保住了"晚节"。这种"拔网线"的做法看上去包治百病，然而，只要断网就能保证计算机里的信息高枕无忧了吗？以色列的白帽子黑客（安全研究员）研究出了一种高新技术，只需在用户隔壁放一个大号"听诊器"，根据用户计算机工作时散发出的电磁波，放大分析后，就可以捕捉到用户的密码信息。如图 1-5 所示。这种攻击方法的独特之处在于：

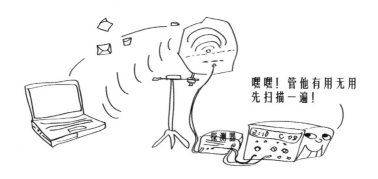

图 1-5　电磁波探测器

①速度奇快，几秒之内，密钥到手。

②该技术不涉及密码破译，而是直接捕捉密码明文。

③不需要计算机联网，也不需要接触"受害计算机"。

那么，这个"窃听器"究竟能够听到什么呢？研究员试着给"受害计算机"发送了一封加密邮件，在计算机打开邮件的过程中，后台进行了解密操作。而正是这短短几秒的解密过程，散发出的电磁波便与众不同。窃听器分析这几秒的电磁波之后发现，每当出现窄频信号的时候，就标志着解密了一段密码。把这些窄频信号放在一起进行解析之后，密文信息就这样轻松地"流淌"了出来。研究人员对隔有 15 厘米厚墙壁的计算机，捕获了 66 次解密过程，仅仅用了 3.3 秒就得到了最终密钥。也就是说，计算机在工作时会自言自语，只要你能够听懂计算机在说什么，那么这台计算机在你面前就没有秘密可言了。同理，还可以分析出计算机工作中产生的其他信息，例如银行卡密码、私人聊天内容等。不过，该技术也有局限性，那就是要过滤掉背景噪声，这需要相当强的物理学基础。

　　传统的进攻手段，需要通过互联网，黑客很容易在被攻击的计算机里留下痕迹，这些痕迹都可以作为他们的罪证；而采用监听电磁波的方式，目前却没有任何一种手段可以探测到，所以想要知道自己被"监听"几乎是不可能的，我们每个人的隐私都因此更加不安全了。

五、 加强网络安全刻不容缓

　　"棱镜"事件前，"注重开放"成为国际网络空间数据使用的主流态度；而"后棱镜"时代，各国开始明确并不断强化网络数据安全保护，加强网络数据安全管理。尤其是近两年来，我国加强网络安全的步伐已明显加快：2015 年 9 月 5 日，我国发布了《关于印发促进大数据发展行动纲要的通知》，提出要加强大数据环境下的网络安全问题研究和基于大数据的网络安全技术研究，落实信息安全等级保护、风险评估等网络安全制度，建立健全大数据安全保障体系。"十三五"期间，我国已将网络安全上升为国家战略。为了保障网络数据的安全，我国从保密技术、防御技术、虚拟专用网、防止黑客、数据恢复等各个环节加强投入和引导。2016 年 11 月 7 日的十二届全国人大常委会第二十四次会议上，通过了《中华人民共和国网络安全法》（将于 2017 年 6 月 1 日起施行），共七章 79 条，不仅明确了网络空间主权的原则、网络产品和服务提供者的安全义务、网络运营者的安全义务，还进一步完善了个人信息保护规则，建立了关键信息基础设施安全保护制度，并确立了关键信息基础设施重要数据跨境传输的规则，为我国的网络安全再添一道牢固的安全屏障。

　　总之，虽然国内网络安全状况不太乐观，我们也不要谈"网"色变，只要能够树立牢固的网络安全意识、掌握一些网络安全常识、规范自己的上网操作，我们依然能够搭乘网络的"快车"，享受网络带来的便利，创造美好的未来。

第二章
网络病毒的防范与应对

随着计算机技术、网络技术的发展，网络世界已经变得丰富多彩，通过计算机、手机上网操作，能获取新闻资讯、快速办理业务、便捷购物等，人们的工作、学习、生活等各个方面，越来越离不开网络的帮助。然而在给我们带来便利的同时，网络病毒与木马横行、账号密码被盗、个人信息频遭泄露……上网安全问题也越来越受到人们的关注。

　　2014年思科年度安全报告披露，30家全球最大的跨国公司企业中，都曾有人通过其网络访问过存有恶意软件的网站。据腾讯安全发布的《2015年度互联网安全报告》称，2015年计算机病毒感染量达48.26亿次，仅上半年全球受病毒感染的手机就达6.1亿台次，恶意应用数量已达451万，一年内新增手机病毒达过去数年的总和。如何保障计算机、手机上网安全，保护个人隐私，成了社会关注的重点。本章将从网络病毒产生的原因、防范与应对措施等几个方面，来介绍如何做好网络病毒的防范与应对。

一、网络病毒案例回放

（一）重装系统中毒

　　经历了几次折腾后，大学生小亮的计算机系统最终还是崩溃了，他赶紧找来人称"计算机高手"的同学小海帮忙解决问题。小海"诊断"后称没啥大问题，重装系统就可以了，随后拿出一张系统安装光盘放入了光驱。系统装好后，小亮像往常一样，第一时间安装了杀毒软件。就在这时，杀毒软件检测出了多个病毒。"刚刚安装好的系统，为什么会有病毒呢？"小亮百思不得其解。

（二）浏览网页中毒

张某平时有浏览色情网站的"爱好"，这天忙完手上的事，想要"放松"一下，就打开了珍藏在计算机里的"好"网站。看了一会儿，突然发现计算机运行速度比以往慢了许多：打开一个网页需要十多秒甚至半分钟、移动鼠标时停一下动一下、对于打开程序等操作计算机仿佛不听使唤……懂得一些计算机常识的张某打开了"任务管理器"，却发现有许多不熟悉的进程占用了很多资源。不一会儿，计算机彻底死机。张某重新启动计算机后，运行速度缓慢如故，问题依旧。

二、感染网络病毒的原因

网络中，病毒与黑客无处不在，时刻孜孜不倦地寻找"猎物"，你极有可能也很容易就成为他们的下一个目标。病毒会以各种方式溜进你的计算机或手机，如躲在装机盘里、嵌入网页当中、捆绑在软件中、伪装成邮件附件、隐匿在 U 盘当中……同时，一些病毒会"淡定"地隐藏在系统之中，直到条件满足时才被激活，发作后导致计算机或手机系统突然崩溃、账号密码突然被盗……极有可能出现今天顺利使用完计算机关机后，下次开机就再也启动不了的情况。手机亦是如此，许多手机病毒会伪装成应用程序、网址链接等，在用户发送短信 / 彩信、发送电子邮件、浏览网站、下载铃声、连接蓝牙等的时候悄无声息地进行传播，从而窃取用户个人信息、破坏手机软硬件、摧毁手机内数据，隐蔽性强，破坏性大。因此，你极难预知网络病毒会在何时入侵计算机或手机。

（一）系统本身不安全

这里的系统指的是计算机操作系统（常见的是 Windows、UNIX、Linux、Mac OS X 等操作系统）和手机操作系统（通常为安卓与苹果手机操作系统），其不安全的方式主要表现在以下两个方面：

1. 装机盘携带病毒

装机盘是指通过 ghost 整合驱动程序、常用软件的系统安装光碟。装机盘安装系统快捷便利，不需要额外安装驱动和常用软件，但是通常都对系统进行了精简，很多系统服务程序缺失，并且操作系统本身基本都是盗版。如果装机盘里面的内容本来就含有病毒，那么即便是刚刚安装好的系统，也会携带病毒。

2. 系统存在漏洞

计算机或手机操作系统在逻辑设计上可能会存在一些缺陷或错误，如果被不法者利用，通过网络植入木马、病毒等方式就可以攻击、控制计算机或手机，窃取其中的重要资料和信息，甚至破坏系统。以个人计算机为例，其系统本身及其支撑软件，网络客户和服务器软件，网络路由器和安全防火墙等，都可能存在不同的安全漏洞。

（二）浏览的网页含病毒

网页已经成为传播计算机病毒的一个主要途径，尤其是色情、赌博等网站更是病毒之源，十分危险。它将病毒或木马隐藏在网页中，具有猎艳心理的用户会忽略风险或明知暗藏危险而"奋不顾身"地浏览网页，一旦浏览器存在安全漏洞，计算机会立刻感染病毒。这些病毒一旦被激活就会影响系统的正常运行，消耗系统的资源、破坏数据、导致系统瘫痪，给个人或单位造成重大的损失。

（三）下载的软件有猫腻

出于对某软件的需要，一些用户会在网上搜索下载后，不加辨识地直接安装运行。殊不知，这样的做法可能会把一些你不欢迎的东西悄悄地带到你的机器中，比如病毒。根据用户的心理，很多病毒和木马栖身的网站会通过种种手段如 SEO（搜索引擎优化）排到搜索结果的靠前位置，进入网页点击下载到本地计算机的，根本不是你想要的软件。一旦运行这些可执行文件，"寄居"在你所下载的 exe 文件里的病毒也就随之运行。同时，一些色情网站还会将病毒捆绑在播放软件中，用户想要观看网站内容必须下载并安装其指定的播放器，这样一来，病毒就会轻松进入用户的计算机。

（四）邮件的附件藏病毒

邮件病毒一般夹带在电子邮件的附件当中，随着邮件的发送而传播扩散，一旦运行了该附件中的病毒程序，计算机就会感染病毒。近年来造成大规模破坏的许多病毒如梅丽莎、爱虫等，都是通过电子邮件传播的。计算机中毒后，病毒还会自动检索受害人邮箱里的通讯录并向其中的所有地址自动发送带毒邮件。如果受害人中了木马病毒，自己的计算机可能会被对方完全控制，进而导致个人资料泄露。

（五）U盘传播病毒

U盘是传播病毒的主要载体之一，病毒会伪装成播放工具图标、图片样式躺在U盘里等待你的点击；或是以隐藏文件的形式潜伏在U盘内，一旦用户将该U盘插入个人或公用计算机上使用，该病毒就会自动运行从而感染计算机。

三、网络病毒的防范

随着移动互联网的快速发展，个人计算机与智能手机的普及，网上获取信息、购物、社交等已逐渐成为人们生活中不可缺少的一部分。然而，网络病毒对用户也构成了极大威胁，已成为影响上网安全的主要因素。与过去十多年前计算机病毒的主要目的为纯粹体现技术和破坏数据不同，现在所有主流的网络病毒木马，都是以赚钱为目的。想防范网络病毒，就要知道它从哪儿来，寻根溯源，找到它们的入口，从根源上保证个人计算机或手机系统的安全。针对网络病毒，我们应从以下几个方面做好防范。

（一）选择可靠的系统源

1. 采用正版系统安装盘为计算机安装系统

说到计算机系统安装，大家都会想到上文提到的"装机盘"。

早期的装机盘主要用来批量部署，例如各个计算机厂商品牌机的预装系统都采用装机盘来批量安装，这可以说是最早的装机盘鼻祖。随着技术的发展，该产品不再是一张简单的原版安装光盘的盗版盘，而是集安装、驱动、必备软件、一键还原等功能于一身的傻瓜式安装盘，能帮助用户实现轻松快捷舒心地装机，其省时、省事、省心的特点大受用户青睐。一旦用户计算机出现问题需要重装，映入眼帘的十有八九就是装机盘。

　　然而，天下没有免费的午餐，纵观国内数十家装机盘开发商，未必真心为用户无私奉献。与装机盘携手溜入用户计算机的，是默认浏览器、默认网址首页、默认搜索引擎、默认输入法、默认影音播放器、默认杀毒软件、默认 …… 甚至是默认"肉鸡"后门。各软件开发商和搜索引擎公司挤破头皮也要去和这些光盘开发商谈判，为的就是将自家提供的系统装入用户计算机，由此赚取更多的经济利益。采用这样的装机盘安装的系统，存在的风险与漏洞不言而喻。

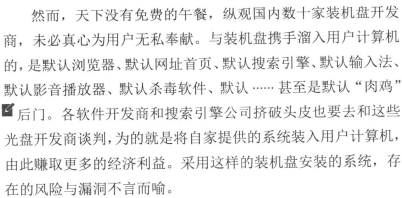

知识补充——什么是"肉鸡"

　　肉鸡：也称傀儡机，是指可以被黑客远程控制的计算机。比如计算机感染了木马病毒或者系统存在漏洞，黑客可以随意操纵该系统并利用它做任何事情，计算机中的任何资料与信息在黑客眼中一览无余。

因此，想要从根本上保证 Windows 的安全，那就是采用原版安装光盘来安装系统，即微软官方的零售版本，或联想、惠普等品牌计算机厂商的 OEM 原版。无论是 Windows XP、Vista，还是 Windows 7、Windows 8、Windows 10，不要相信网上的任何系统版本，更不要用任何形式的 ghost 版系统。

2. 不要轻易对手机进行刷机操作

对于智能手机来说，目前主流的两大操作系统是 Android（安卓）与 iOS（苹果），请尽量使用手机自带的操作系统，如果有更新需求，也要按照官网提示进行，而不要使用网络上个人制作的一些 ROM（手机刷机包）来自行刷机，这样往往具有较高的风险。以苹果手机为例，许多用户拿到手以后都喜欢"越狱"，用户通过软件对 iOS 系统破解后，可以获得完全控制及使用权限，也可以使 iPhone 用户从苹果应用商店以外的其他非官方渠道下载应用程序，但这也意味着，iOS 中任何区域的运行状态将可以被随意擦写。"越狱"后的手机，有很高的概率变成"白苹果" 。

知识补充——什么是"白苹果"

　　白苹果：是指 iOS 设备的系统启动之后，系统组件调用执行失败后导致系统界面无法出现，其开机界面或注销界面停留在一个白苹果那里，无法实现任何操作的一种状态。

（二）系统补丁及时打

1. 设置计算机系统更新为"自动"

为尽可能在第一时间保障系统安全，对于个人计算机，最好把 Windows Update 选项设为"自动安装"，当系统检测到官网有最新的补丁时会提示下载和升级。

2. 及时更新手机操作系统

每个智能手机系统在使用过程中都会出现一些漏洞，很容易被黑客利用进行攻击。如 2015 年 4 月中旬，阿里安全研究实验室发现一个名为"Wi-FI 杀手"的安卓系统漏洞。利用该漏洞，黑客可对开启了 Wi-FI 的安卓手机远程攻击，窃取手机内的照片、通讯录等重要信息。据称，该漏洞可能影响全球数十亿台安卓设备。为修复这些漏洞的"系统更新"也就应运而生。因此，在收到"系统更新"提示后，应做好相应备份，及时更新。这样，就能最大限度地保证系统的安全。

（三）无用端口早关闭

1. 关闭不用的共享设置

有时候为了方便文件传输，我们会在网络中将某个文件或某个盘符设为"共享"，却不知道这已埋下了安全隐患。如果把互联网比作公路网，将计算机比作路边的房屋，端口就是房屋的门。如果你的计算机设置了共享目录，则 139 端口处于开启状态，哪怕密码再复杂，黑客依然可以通过该端口迅速入侵你的计算机。因此，在没有必要时，最好不要通过设置"共享"

的方式来传输文件。

2. 借助安全软件关闭危险端口

对于个人计算机而言，许多端口都是默认打开的，如 TCP 协议的 135、139、445、593、1025 端口等，黑客可以通过端口进入你的计算机达到入侵的目的。你可能会问，我怎么知道自己计算机开启了哪些端口？这个时候，可以借助一些安全软件对系统进行扫描，扫描结果会提示你关闭一些不必要的端口。

（四）不要访问"看起来很美"的网站

1. 自律意识要提高

提高自律意识，不要用计算机或手机浏览色情、暴力、恐怖、赌博等内容不健康的网站。不仅从道德层面来说，这样做不对，而且经常浏览不健康网站，会导致身心健康均受到危害。因此，任何时候不要产生浏览色情网站的念头，从根本上切断危险的来源。

2. 网址观察有诀窍

网址的主要因素是其主机地址，一般采用的是"功能.组织名.行业.国家"的格式。以 www.ynu.edu.cn 为例，"www"为功能，表示网页服务；"ynu"为组织名表示云南大学；"edu"为行业名表示教育行业，"cn"则是中国大陆的简称。需要注意的是，"组织名"仍可能采用由"点"分隔的几个子部分。比如一个组织名可以是"study.ynu"，也可以是"ynu.study"，但前一个表示 ynu 组织下的 study 分支，后一个表示 study 组织下的 ynu 分支。因此，判断一个网址是否安全，主要看网址的主机地址中"组织名"部分是否安全。例如，"www.

sohu.1234.com"这个主机地址,其"组织名"是"sohu.1234",这表示的是 1234 公司的 sohu 分支,并非搜狐公司的 sohu 网址,如果是属于搜狐公司,则必然以"sohu.com"结尾。又如,"detail.ju.taobao1.com"这个主机地址应该属于"taobao1"公司,而不是"taobao"公司。这样的网址,就可能会使一些粗心的用户上当受骗。如果一些网站,其主机地址的格式很奇怪,那么就要认真考虑是否能够点击了。

3. 手机访问危险更大

一些"看起来很美"的网站,可能隐藏着大量的病毒,其名称也往往具有极大的诱惑性,如"激情大片""成人影院""快播无码"等,都是为了吸引用户点击或下载安装。计算机用户点击后会导致系统中毒,手机用户下载后,会被莫名扣费。有调查显示:2014 年有 45% 的用户用手机看色情网站,10% 的人用平板计算机看,说明人们浏览色情网站的方式已经从计算机逐渐转移到了移动平台上。因此,手机上被强制安装的恶意软件有接近 1/4 都是来自用户浏览的色情网页。如果是计算机在这种情况下"中招",很多病毒都能被技术成熟的杀毒软件清除,而手机设备就很难说了,它并没有我们想象中的安全。有报告称:每 7.6 台安卓设备就有 1 台感染病毒,52% 是恶意扣费类病毒样本,占比最高,此类病毒能够直接获益,因此备受黑客青睐。因此,手机用户千万不要以为用手机浏览色情网页就没有问题,实际上,手机存在的风险远远高于计算机。

（五）把好软件这一关

1. 下载首先找官网

一般来说，官方网站提供的软件都经过检测，不会有什么大的问题。如各类品牌计算机都有各自的官方网站，在里面都能下载到常用的驱动程序和应用软件，并且相应的驱动程序也和计算机有着更好的兼容性。因此，当需要某款软件时，最好到其官网下载，实在找不到就去知名的、较大的下载站，这样下载到的软件安全性相对高一些。

手机也是一样，应到正规的应用程序商店下载所需软件。一般手机自带的应用程序商店都会有技术人员对程序进行检测，基本都没什么问题，如华为应用市场、小米应用商店、苹果 App Store 等。而不要到一些不知名的网站里下载，这样很容易感染病毒或木马。如 2015 年一款名叫"幽灵推"的手机病毒现身于安卓手机，它隐蔽性强，是迄今为止影响最严重的手机病毒。该病毒会隐藏在一些流行工具软件中，如"会说话的汤姆猫"等，当用户安装非正规渠道下载的这些软件后即会中毒，病毒同时会下载安装一系列恶意程序。其技术含量极高，安装之后会直接 ROOT 手机并获得最高权限，导致杀毒软件根本无法删除它。它会强制关掉用户正在使用的 Wi-Fi 网络，使手机使用 3G 或 4G 网络直接消耗用户的资费。目前，"幽灵推"病毒已遍布全球各个国家，并实现了对 3 000 多个手机品牌的 1.5 万款机型进行 ROOT。

知识补充——什么是"ROOT"

ROOT 是安卓手机系统中唯一的超级用户，相当于 Windows 系统中的 SYSTEM 用户。它具有系统中所有的权限，如启动或停止一个进程，删除或增加用户，增加或者禁用硬件等。

2. 搜索结果要明辨

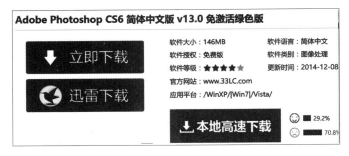

图 2-1　某网站示例

有时候，在官网不一定能找到我们需要的软件，这时候就需要在网上搜索。但是，面对鱼龙混杂的搜索结果，我们也需要擦亮眼睛。举个例子，图 2-1 所示的页面，是利用搜索引擎搜索"photoshop"软件，在搜索结果中点击其中一条链接进入某网站后，出现的下载页面。

若没有经验或未进行辨别，直接点击左侧的"立即下载"或"迅雷下载"后，会弹出一个提示保存的对话框，如图 2-2 所示。如果点击"保存"下载软件的话，此时下载的将是名为"setup_534Szgn.exe"的可执行文件，其真实内容不得而知，但并非我们所需要的"Photoshop"软件。若再运行该程序，计算机极有可能因此感染病毒。也就是说，上述页面左侧的"下载"按钮所链接的并非我们真正需要的下载内容，而是一个具有欺骗性或是其他目的的链接。

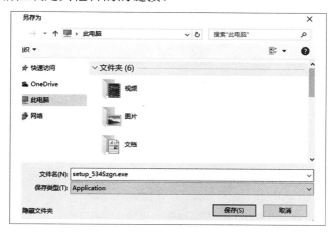

图 2-2 点击"下载"按钮后弹出的保存提示

那么，我们该如何选择，才能找准真正的软件链接呢？下面介绍两种常用的方法。

 第一招——观察鼠标样式

以上述网页为例，若要分辨左侧"下载"按钮的真伪，我们可以将鼠标移至按钮之上，如图 2-3 所示，无论是将鼠标移至"立即下载""迅雷下载"或是两者之间的空白处，我们可以看到，鼠标形状均无任何变化，说明包括"立即下载"和"迅雷下载"两个图片在内的区域其实是一整张图片，这是一个图

片链接而不是我们需要的软件安装程序的链接。

图 2-3　将鼠标停留在任意位置形状均无变化

第二招——观察右键内容

　　在上述网页左侧"立即下载"和"迅雷下载"任意区域单击鼠标右键，在弹出的菜单中会出现"图片另存为""复制图片""打印图片"等菜单项，如图 2-4 所示。这说明，看上去像是按钮的网页，其实是张图片。

图 2-4　单击鼠标右键可以看出这是一张图片

　　遇到这样的情况，基本可以确定该链接背后并非我们需要的软件，而是一些带有其他目的的内容。而对于真正的下载链接，单击鼠标右键就不会出现与图片相关的提示，而是"链接（目标）另存为"或"复制链接地址"等菜单项，如图 2-5 所示。因此，对于网页搜索结果，一定要慎重，确认安全后，再进行下一步操作。

图 2-5 单击鼠标右键可以看出这是一个链接

3. 下载后要仔细观察

软件下载下来以后，首先要看它的文件名是否与自己需要的软件一致，如上述案例中名为"setup_534Szgn.exe"的软件，很明显不是我们需要的，这个时候基本可以判定下到了带有其他目的的程序。其次还要看下载后的软件图标，一般来说安装程序图标都有相对固定的样式，如果明显异常，则也要加以甄别。

4. 运行之前先杀毒

哪怕是经过了上述的判断，看似符合我们的要求，也不能轻易运行之，不管是从哪里下载下来的，运行之前一定要用杀毒软件进行检测。

5. 安装时不要只顾点"下一步"

为了盈利，很多软件在安装过程中都会捆绑一些其他不相关的软件，对于一些安装过程中只顾点击"下一步"的用户，可能会忽略这些第三方软件的安装提示，给系统造成了一定的威胁。如 QQ 安装就会提示你是否安装 IE 地址栏插件和设置

首页等，如图 2-6 所示。但有一些软件比如某些播放器，捆绑了十多种插件，并且安装时没有任何提示，这就需要引起我们的注意，尽量不用未知软件。因此，我们一是要看清楚捆绑了什么，二是要看有没有提示。我们在安装过程中要看清楚每步的选项和提示，可以根据自己的需要进行勾选。

图 2-6　安装软件时可以根据自己的需要勾选

6．不要使用任何破解软件和激活工具

一些破解软件和激活工具更容易被用于入侵用户的计算机。这是因为，许多破解软件和激活工具都会提示与系统已有的安全软件冲突，建议用户安装或使用前先关闭安全软件，这也是为什么许多安全软件都会把破解类、外挂类的程序当成恶意软件来进行查杀。所以一旦安全软件被关闭，也就给了恶意软件可乘之机。

（六）不要轻易打开邮件附件

1．不轻易运行邮件附件

对于陌生人发来的可疑电子邮件最好不要打开，更不要运行其中的附件。哪怕是比较熟悉的朋友发送来的信件，如果其邮件中夹带了附件，也不要轻易运行。因为有些病毒是偷偷地附着上去的，可能他的计算机已经染毒，但他自己却并不知道。如王先生上班后照例打开邮箱，查看邮件。其中有一封朋友发来的邮件，主题是："老同学，你还记得我吗？这是我的照片"。王先生也没多想，下载附件后双击进行查看，只见计算机屏幕飞快地闪了一下，并未出现所谓的老同学照片。之后，王先生的邮箱、QQ 等账号被盗。最妥当的做法就是，将附件先保存下来，用查毒软件彻底检查，确保安全后再打开。

　　如果莫名收到附件是可执行文件的邮件，如名为"Happy 99.exe"的附件，不要运行它，直接将其删掉就可以了。另外，有些病毒会潜伏在 Word 文件中，因此对 Word 文件形式的附件，也要小心。

　　2．不随意转发邮件

　　一方面，给别人发送程序文件甚至电子贺卡时，一定要先确认没有问题后再发，以免成为病毒的传播者；另一方面，收到某些自认为有趣的邮件时，切忌盲目转发，这些邮件里极有可能含有病毒。

（七）谨慎使用 U 盘

　　1．使用前先杀毒

　　U 盘插入计算机后，不要急于打开使用，应运行杀毒软件，对其进行全面查杀，确保安全后再使用。

　　2．不要双击打开 U 盘

　　很多病毒感染系统后，会改写某些系统权限，在磁盘根目录下生成一个 autorun.inf 文件，该文件会使用户在双击磁盘时自动运行某个指定的文件，比如病毒或木马，达到侵入计算机的目的。因此，对于本地磁盘、移动硬盘、U 盘、各种数码存储卡，要习惯采用右键单击磁盘的方式打开，最好不要使用双击左键的方式来打开。

3. 关闭系统"自动播放"

一些病毒通过向 U 盘写入相关程序，使得打开了"自动播放"功能的计算机在插入 U 盘后就直接运行其中的病毒程序，从而受到感染。系统的自动播放功能会增加感染病毒的风险，如"熊猫烧香"等很多病毒，就是通过插入 U 盘时系统启动自动播放功能而入侵系统的。可以通过以下方式关闭（以 Windows 7 系统为例）：打开组策略编辑器（在"开始""运行"中输入"gpedit.msc"即可打开），接着在左窗格的"本地计算机策略"下，展开"计算机配置→管理模板→所有设置"，然后在右窗格的"设置"标题下，找到"关闭自动播放"。双击"关闭自动播放"，进入设置界面，在下拉框中选择所有驱动器，再选取"已启用"，"确定"后关闭，该策略就生效了。

4. 重要的文件专机专用

重要的文件及资料，最好在专门的计算机上操作使用，不要频繁拷进拷出，或者拷入 U 盘随处使用。

U 盘使用小贴士：

①使用 U 盘前要对其进行病毒查杀，如果不能确定其安全性，且目标计算机有重要资料，则宁愿不使用该 U 盘。

②打开 U 盘后，如果发现里面有可疑文件，甚至一些具有诱惑性标题的文件，一定不要打开，先进行杀毒，必要时直

接将这些文件删除。

③使用公用计算机下载了一些资料，需要带走的话，尽量不要使用 U 盘复制，可以直接将资料上传至网络云盘，或是发送至自己的邮箱，随后在安全的环境下打开。如果这些资料很重要，应在离开前将其彻底删除。

④如果 U 盘病毒无法清除的话，备份里面的重要资料并彻底格式化 U 盘。

四、感染病毒后的应对措施

网络病毒感染计算机或手机后，会造成如下危害：一是破坏系统。主要表现为系统自动重启、无故死机、不执行命令、打不开文件，严重影响用户正常使用计算机或手机。如 2004 年出现在 Windows 系统的"震荡波病毒"，会使系统资源被大量占用、系统反复重启、死机、不能正常复制粘贴文件、无法正常浏览网页等情况。二是破坏数据。大部分病毒在被激活时会直接破坏计算机或手机的重要信息数据，如格式化磁盘、删除重要文件或者用无意义的"垃圾"数据改写文件等。例如，"黑色星期五"病毒会在每一年的任何"黑色星期五"（即那天是星期五同时也是某个月的 13 号）激活并开始删除用户文件。三是盗取密码。大部分木马病毒都是以窃取用户信息如用户资料、网银账号密码、网游账号密码等，以获取经济利益为目的。如诞生于 2001 年的最具危险性的后门程序"灰鸽子"病毒，能通过网页、邮件、聊天工具、非法软件等进行传播，系统中毒后会被黑客完全控制，并轻易地获取用户计算机上的任何文件，窃取资料后，还可以远程将病毒卸载，达到销毁证据的目的。那么,计算机或手机中毒后,我们该如何应对呢?

(一)及时断开网络

若发现系统感染了网络病毒,应第一时间断开网络或拔掉网络连接端口,关闭手机的数据流量,这样可以阻止黑客对自己的计算机或手机进行远程控制或窃取资料,从而避免更大损失。

(二)使用正规杀毒软件查杀病毒

目前杀毒软件非常多,功能也十分接近,对于计算机用户,可以根据需要去购买正版的,也可以在网上下载免费的正规杀毒软件,但千万不要使用一些破解的杀毒软件,以免因小失大。因为病毒总是先于杀毒软件而产生,所以一方面要定期更新病毒库和杀毒程序,提高系统对最新病毒的防御能力,时刻对病毒和木马进行监控;另一方面,如果怀疑系统可能感染上病毒的时候,应该立即使用最新版本的杀毒软件对整个硬盘进行扫描操作,清除一切可以查杀的病毒。对于手机用户,也应使用手机自带的安全软件或通过正规渠道下载杀毒软件进行全面扫描。

(三)取消"隐藏"设置让病毒无处藏身

1. "隐藏"功能为病毒提供了庇护所

隐藏是病毒的天性,因为只有在不被发现的情况下,病毒才能实施其破坏行为。以"轮渡"病毒为例,它以隐藏文件的形式潜伏在U盘内,如果用户将该U盘插入个人计算机上使用,该病毒就会自动运行,将计算机内的重要资料或文件以隐藏文件的形式拷贝到U盘中。当用户再在其他连接互联网的计算机使用该U盘时,该病毒又会自动运行,将窃来的隐藏在U

盘内的文件暗中"轮渡"到互联网上特定邮箱或服务器中，窃密者即可远程下载这些信息。"轮渡"病毒之所以能得逞，主要是因为系统默认的"隐藏受保护的系统文件"及"不显示隐藏文件"功能。由于 Windows 系统设计之初，为了避免初学者胡乱删除文件，而默认"不显示系统和隐藏文件"的做法（到了 Windows 2000/XP 时代，这项功能升级为"隐藏受保护的系统文件"了），却恰好给这些病毒提供了天然的隐藏场所。大部分对计算机操作不熟悉的用户并不知道"隐藏文件"的含义，也想不到设置"显示所有文件"。因为病毒本身是隐藏文件，只要系统默认启用这两项功能，则正常情况下打开 U 盘，我们根本看不到病毒的存在。

2. 关闭系统"隐藏"设置

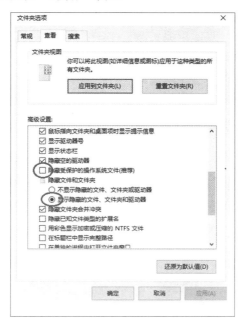

图 2-7　设置文件夹选项

当然，我们可以通过如下方式取消系统"隐藏"功能。依次通过"控制面板"—"文件夹选项"—"查看"里面设置"显示隐藏文件"和取消"隐藏受保护的操作系统文件"，如图2-7所示。

（四）卸载具有威胁性的软件

　　一些带有威胁性的软件，不会被杀毒软件查杀，但会悄悄收集用户信息、窃取用户隐私。以浏览器的使用为例，受到劫持（即被恶意程序修改）后，会出现主页及互联网搜索页变为不知名的网站、经常莫名弹出广告网页、输入正常网站地址却连接到其他网站、收藏夹内被自动添加陌生网站地址等情况。如果继续使用该浏览器，则很可能导致病毒侵袭。轻则浏览器主页被篡，重则账号密码等信息被盗取或是变成"肉鸡"。这个时候，应马上将该浏览器卸载，到安全的网站重新下载一个浏览器来使用；或使用系统安全软件对浏览器进行修复，确保安全后再使用。也就是说，如果你怀疑某个软件有问题时，则应果断将其卸载不再使用。

（五）重新安装系统

　　如果以上做法均无法彻底清除病毒，或不能确保计算机或手机的安全，那么就可以使出安全终极大招——重装系统。当然，正如前文所说，前提是你的计算机系统安装盘或手机操作系统的内容必须是安全的。同时，安装新系统之前，一定要记得备份重要的数据和信息。

第三章
网络诈骗事件的
防范与应对

在互联网高速发展的今天，社会网络的用途越来越广，购物、交流、工作等无不与网络紧密相关，网络已经成人们生活中不可或缺的一部分，但网络诈骗也在与日俱增。据"猎网平台"统计，2015 年共收到全国用户有效理赔申请的网络诈骗举报 24 886 例，从用户举报情况来看，广东以 3 040 起位居首位，山东、河南、江苏和四川则分别列第二至第五位，举报量分别为 1 992 起、1 480 起、1 395 起和 1 354 起。这 5 个地区用户的举报数量约占到了全国用户举报总量的 37.5%，成为被骗的集中区域。如图 3-1 所示。其中，虚假兼职诈骗连续三年成为举报最多的网络诈骗类型，共举报 8 677 例，占比 34.9%，其中刷钻兼职、打字兼职最为常见。其次是网游交易为 2 059 例（占比 8.3%）、虚假中奖 1 550 例（占比 6.2%）、退款欺诈 1 380 例（占比 5.5%）和虚假购物 1 253 例（占比 5.0%）。此外，2015 年还出现了一些新的网络欺诈骗术，如围绕微信这一社交工具，衍生出了公众号申请诈骗、微信提现诈骗、公众号 AA 红包诈骗、微信游戏诈骗等诈骗活动。除此之外，骗子还会利用受害者不了解某些网络业务的特点，例如制造银行账户资金异常变动、盗取短信保管箱等，来骗取钱财。总之，骗子们的诈骗手法不断推陈出新，目的就是要以各种方式取得受害者的信任，从而实施诈骗行为。

网络诈骗事件是指以非法占有为目的，利用互联网这一平台①，采用虚构事实或者隐瞒真相的方法，向受骗者提供虚假消息，并借机骗取财物、个人信息等行为的事件。利用互联网

① 为区别于本书"第四章　电信诈骗事件的防范与应对"，本章中的网络诈骗事件均为利用网络这一平台实施的诈骗。

实施诈骗行为是网络诈骗区别于其他类型诈骗的主要特征。

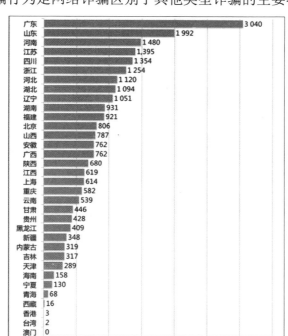

图 3-1　2015 年各省网络诈骗受害者分布

一、网络诈骗事件案例回放

53 岁的王女士在使用 QQ 时，发现儿子的头像在闪烁，想儿心切，她赶紧打开了视频聊天，看到儿子，王女士高兴地叫了声"儿子！"那边却说话筒坏了，没有声音只能看图像，紧接着发 QQ 信息说朋友急需用钱，让她汇 8 万元过去帮朋友。王女士心想儿子确实着急，便没多问，立刻让老伴出去汇钱。

不曾想，老伴刚汇完钱回到家，儿子又说钱还不够，还需要再汇6万元，老伴又匆忙去了趟银行汇钱。随即儿子就下线了。当晚21点多，儿子再次上线，王女士问起白天汇钱的事，没想到儿子却说不知道这事。直到这时，王女士才发觉自己被骗，可自己早上明明看到了儿子的视频啊，难道和自己聊天的竟不是儿子？

网名为"战将"的一名游戏玩家，玩了某款网络游戏已有一年多的时间，一次他突然收到一位玩家的信息，说有高等级的盔甲和魔法道具出售，其中一套80级的盔甲正是他一直梦寐以求的。为能够快速升级，他最终与这位玩家谈妥以1 200元的价格成交，但当他将钱如数汇入对方银行账户后，骗子从此消失，此时他才醒悟自己被骗。

二、网络诈骗事件的原因

当前世界各国的网络用户数以几十亿计，通过互联网进行诈骗，受众面更广、影响范围更大。骗子利用网络这一平台，通过计算机网络技术和多媒体技术就可以制作形式极为精美的电子信息进行诈骗，并不需要投入大量的资金、人力和物力，着手诈骗的物质条件容易达到，行骗成本低、传播迅速、辐射范围广、社会危害大。究其网络诈骗事件原因，主要有以下4个方面。

（一）网民安全意识不强

网民的安全防范意识总体上还有待提高，多数网民缺乏基本的安全防护知识，不知道如何有效保护自己的计算机系统安全，对个人隐秘信息重视不够、保护不足，存在很大的安全隐患；一些网民对不法分子的惯用诈骗手段没有敏感的防范意识、贪图小便宜、购买诈骗分子推荐的低值假冒伪劣商品；随意点击非正常链接、登录不正规网站，在遇到网络诈骗、违法犯罪情况后，很多网民法律意识不强，不主动报案并配合公安机关侦查，没能及时留存诈骗分子的违法证据等。

（二）相关部门监管力度不够

骗子利用网络的虚拟特性以及利用与网络交易平台提供商协议的漏洞对消费者进行欺诈，而提供商对于这种欺诈行为惩罚措施薄弱助长了欺诈行为的产生。对于网络卖家的信息真实与否、货物质量良好与否监督力度不够。有时网络平台为了自己的利益，对网络店铺销售行为没有严格的规范和管理、售后服务也没有得到很好的保障，对于违规商家没有取消其销售资格等措施。甚至一些不正规的网站以一定数量的金钱，就可以向搜索引擎公司换取靠前的排名，用户搜索该类产品时就会被优先推送。

（三）网络诈骗心理成本较低

由于网络自身所具有的隐蔽性和诈骗的技术性，骗子往往不会有很重的心理负担。一方面，现实社会中的诈骗犯罪通常具有明显的违法性、致害性和易被发觉的特点，因此会导致犯罪人强烈的负罪感、恐惧感和紧张感；而网络诈骗中骗子处于隐蔽的状态，他们只要轻轻地敲敲键盘就可以完成犯罪，看不到被害人的面目和痛苦，就像做游戏一样，心理上的感觉相对比较轻松；另一方面，社会舆论和公众意识对网络诈骗缺乏应有的谴责和否定。由于其很少有特定的侵害目标，而且不具有任何暴力性和现实危险行为，因而公众对这种网络诈骗犯罪的危害程度往往认识不足，除非自己上当受骗，大多数人都认为事不关己，对这种形式的犯罪采取容忍的态度，从而导致骗子罪恶感减轻，紧张感降低。

（四）部分企业履行企业责任不到位

一般来说，网民主要通过网络搜索引擎、门户网站、网址导航等几种形式来上网获取信息、查找资料，这些页面所属的网站由大型互联网公司运营，一般不会主动放出诈骗信息。然而，今天的互联网世界，利益错综复杂，很多不法分子却容易通过这些大型网站的搜索竞价排名、广告界面、弹窗等渠道投放虚假、诈骗信息。2016 年 4 月 12 日，陕西男子魏某因使用某搜索引擎搜索到虚假医疗广告，救治无效在家中去世，事件引起了网络舆论轰动，国家互联网信息办公室公布的调查结果认为，该公司"搜索引擎搜索相关关键词竞价排名结果客观对魏某选择就医产生了影响，该公司竞价排名机制存在付费竞价权重过高、商业推广标识不清等问题，影响了搜索结果的公正性和客观性，容易误导网民"。

由此可见，部分大型正规网站由于自身企业责任履行不到位、企业监督机制失效，导致"可信网站"也有"不可信"的危机。

（五）相关法律不够完善

目前，我国现有法律法规依然将网络诈骗按照诈骗罪定罪量刑。但因网络诈骗中，受害人数多，影响范围广，社会危害性较之于传统诈骗要大得多，如果仍然按普通诈骗罪量刑，则很难做到罪责刑相适应，也不利于有效地遏制此种类型的犯罪。同时，《刑法》规定要构成诈骗罪必须要求达到"数额较大"，而事实上，在以往的网络诈骗案件中却存在骗取数额小、作案次数多的情况，很难以诈骗罪定罪。可以看得出来，我国与网络安全相关的法律、规范较多，但大多数已明显滞后。现有互联网法律规范缺少整体性、系统性，网络执法依据不够健全，执法可操作性不强。在重要信息监管、利用电子商务平台进行的网上购物及大数据应用等方面缺乏执法依据，电子商务平台的假货监管、大数据交易法规、跨地区管辖等问题依然没有相关的法律出台。总之，现有的法律法规经常在网络违法犯罪面前显得软弱无力，远远不能适应控制网络违法犯罪的需要。

三、网络诈骗事件的防范

由于网络诈骗影响范围广、隐蔽性强、手法专业、方式灵活，我们应时刻保持高度警惕，要从以下几个方面进行防范。

（一）QQ 空间要设置访问权限

有的用户会将自己的近况、旅游行程等信息放在 QQ 空间里，却并未设置查看权限，也就是说任何人都能够进入并查看该用户的 QQ 空间，骗子就是抓住这个机会，将空间里的所有内容复制出来，"搬"进自己的 QQ 空间，并将该用户 QQ 空间中近期互动较频繁的人，逐一添加为好友进行诈骗。因此，对于含有个人信息的 QQ 空间，应设置查看权限，不要对所有人开放。张某的朋友就因为 QQ 空间未设置权限，被骗子复制了所有信息，以张某朋友的身份，谎称自己在国外旅游，家里出事了要提前买机票回去，由于涉及外汇和人民币的事情，自己在国外买不了机票，需要国内的朋友帮自己代买。张某见"朋友"说的所有信息和实际情况吻合，便为其支付了 1.5 万元的机票钱，但实际这笔钱都流入到了骗子手中。

（二）QQ 视频不能轻易相信

首先，骗子会通过 QQ 向用户发送诸如"想认识我吗？欢迎到我的空间来看看"之类的交友信息（附有链接），并邀请用户视频聊天，同时称自己的话筒坏了，没有声音只能看图像。用户接受视频聊天后，会看到一些色情视频，如果用户沉浸在观看视频过程中时，自己的在线视频已经被对方偷偷地录了下来。而刚刚点击进入空间的链接，是一个木马病毒，此时用户的 QQ 号码和密码已经被盗。骗子立刻登录该 QQ 号码，对好友列表中在线的好友试探性地发送视频请求，待对方接受后，看到的实际上是骗子播放的被盗用户的录像，并以各种名义向对方骗取钱财，前文案例中的王女士就是这样被骗的。因此，凡是对方发来希望交友、视频聊天等的信息，一律不能轻易相信或接受，也不要随便点击对方发来的链接。

1. 假的视频聊天会有文字嵌入提醒

即使已经接受了视频聊天请求，也要确认对方是在播放视频文件还是进行真实的视频聊天。如果对方是播放影音文件，画面中会有嵌入文字提醒，可识别影音文件和真实视频的区别。如图 3-2 所示，从图中能明确看出，这是对方在播放录像，而非真实的在线视频。

图 3-2　播放的是录像而非真实的在线视频

2. 让对方完成指令来辨别真伪

视频开始后，可以通过让对方按照自己的命令做出一些指定动作（如做一个手势）等来辨别对方的真伪。若对方无法提供视频，是通过语音的方式直接来进行聊天，用户可以让对方说出自己的真实名字或者说出与自己有关的信息，来判断对方的真伪。

（三）QQ、微信好友要多方核实

就目前的技术手段而言，伪造一个 QQ 或微信"好友"是很容易的，因此，当你收到自称是"老同学""同事"或"朋友"的好友请求，一定要多方面进行核实。邓女士是某公司的财务人员，一日收到公司"章总"的微信好友添加请求，接受后，"章总"将她拉进了一个微信群，群里大多是公司的"领导"和"合作伙伴"，聊的话题也都跟公司"发展""生意"有关。"章总"在微信群里让邓女士向某"生意伙伴"先后转账 93 万元后，邓女士发现自己已经无法在这个微信群里发言了。这时邓女士才发现，整个微信群里除了自己，其他全是虚假身份。因此，收到任何好友添加请求时，多留一个心眼。如果不认识，可以直接拒绝，或问明来由再选择是否通过请求；如果通过看头像或简介等信息，表明是自己的熟人，那么在添加对方为好友后，也要通过语音或视频向对方核实身份。如图 3-3 所示，就是骗子（红框所标识）盗取某用户 QQ 账号后，向多位好友发送代购、代付等欺骗信息。

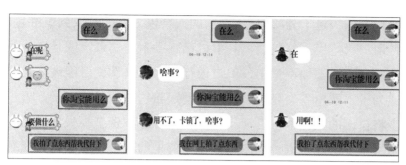

图 3-3　骗子盗取用户 QQ 账号后向多位好友发送诈骗信息

因此，凡是 QQ 或微信好友提出转账或付款要求，都不要轻易相信，应该多留一个心眼，通过电话或其他方式确认对方身份。上述案例中，就因微信头像非常相似，当"章总"自报家门加邓女士为好友时，邓女士以为是章总开了小号，而对其深信不疑。若此时能向章总打个电话确认一下，或通过其他方式，多方面核实一下，就能马上分辨对方身份的真伪。

另外，在这类诈骗手法的基础上，如果骗子还获取了用户的手机号码，为保险起见，骗子还会用陌生号码拨打该用户的手机，接通后便开骂。有的用户会与其"对骂"且"战况"不断升级，有的用户则为图清静关机了事……这些行为都正中骗子下怀。因为此时骗子正好利用盗取的 QQ 或微信提出借钱或转账请求，而收到消息的好友或亲人想通过打电话进行确认时，等来的都是"占线"或是"关机"，给了骗子可乘之机。

（四）微信红包不要乱抢

骗子将手机木马病毒或钓鱼网址伪装成微信红包，其页面跟微信钱包十分相似，不知情的人会以为真的领取到了红包。待用户"抢"了红包后，其手机已感染木马病毒，或是进入了钓鱼网站，不知不觉中，用户银行卡内的余额就可能被盗走，或为了"取出"红包现金，用户便跟随钓鱼网址的提示，一步步将自己的银行卡信息泄露出来，最终导致资金损失。近日，李女士被朋友拉进一个微信群里，群里的人都不是实名，还有好多不认识的人。突然，群里有人发红包，她就习惯性地抢了一个。点开后显示中了 200 元现金礼包，但是想领走现金，就要填写姓名、身份证号及领取礼金的银行卡号。李女士按要求输入信息，随后收到了申请提现的验证码短信。根据提示，李女士输入短信中的验证码，结果发现银行卡中的 1 万多元钱被转走。

知识补充——什么是"钓鱼网址"

钓鱼网址：不法分子通过仿冒真实网站的网页地址和页面内容或者利用真实网站服务器程序上的漏洞、在站点的某些网页中插入危险的 HTML 代码等方式，建立虚假网页，以此来骗取用户银行或信用卡账号、密码等私人资料。这很像现实生活中的钓鱼过程，因此被称之为网络上的钓鱼。它的最大危害就是会窃取用户银行卡的账号、密码等重要信息，使用户蒙受经济上的损失。

另外，近两年来，为谋取非法利益，利用微信群抢发红包实施赌博和诈骗的行为也随之产生。这种微信红包群会制订一些规则，如"每人每次发 200 元拼手气红包，抢到红包金额数最少的需再发 200 元"，而骗子会使用作弊软件等进行赌博和诈骗，使想不劳而获、只靠运气用户每次皆输。因此，不要有贪小便宜的心理，也不要见到微信群里的红包就去抢，没有经验的用户，可能辨识不了红包的真假，假红包背后可能是更大的陷阱。同时，也不要参与任何利用微信红包设置的赌局。

（五）二维码不能乱扫

随着微信"扫一扫"功能的推出，一些骗子利用用户爱贪小便宜的心理，打着扫码赠送礼物、扫码享优惠、扫码有奖励等的旗号，使用二维码生成器把病毒植入二维码中，使用户通过扫描二维码而落入其圈套。虽然二维码本身并无病毒，但使用手机扫二维码依然存在多种风险。首先，二维码背后可能是一条手机木马病毒的下载网址。若不加分辨点击网址就可能导致手机中毒，银行卡资料被窃取。其次，二维码背后还可能是某个恶意 APP 的下载链接。扫码后，给手机下载一个恶意 APP 或假冒网银、支付应用的 APP。一旦在这类 APP 上输入支付账户密码，资金就可能被盗。最后，二维码的背后还可能是钓鱼网站。用户扫描一个二维码后，会出现一个仿冒知名网购平台的网页，如果在网页上输入账户密码就会被记录下来并传到骗子手中，接着资金就可能遭遇被盗。王女士微信好友给她发来一个二维码，说是扫描二维码帮忙刷一下淘宝店的信誉，还能得到 10% 的佣金。王女士按朋友操作步骤进行后，发现微信钱包里的 4 000 多元钱已经被转走。因此，除非是正规渠道的二维码可以扫描，否则对于来路不明的二维码，坚决不扫。

（六）转账截图不能轻信

在网络上进行交易时，骗子实际上没有真实付款，却利用某些软件，如"支付宝转账截图生成器"，如图 3-4 所示，伪造支付宝转账效果，将虚假的转账截图发给商家，使对方误以为骗子真的进行了转账。

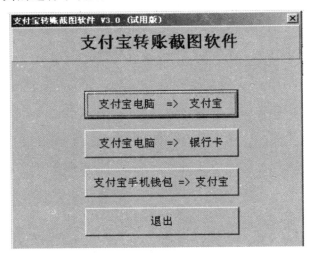

图 3-4　支付宝转账截图生成器

市民潘某在市区开了一家服装批发店，除了实体批发，还有网店，并请了 3 名客服打理网店。网店的生意不错，每天的交易量有 200 多单。由于发的货比较多，因此交易凭证都是支付宝的转账截图，然后客服根据转账截图给客户发货。某日，一名客服突然发现，有个客户的电话是假的。而从 3 月份以来，店里已给对方发了 100 多单、2 万多元的货。潘某对照对方的

转账截图，一笔一笔地查账，发现对方根本就没有打入货款。类似的，针对二手网站上出售高档手机或平板计算机的卖家，骗子会伪装成买家身份用 QQ、微信或电话和对方联系，通过这类软件，生成商定金额的支付宝转账截图来骗取对方信任。拿到商品后，骗子便逃之夭夭。另外，用网上银行给支付宝转账时，故意输错一位卡号，也可以生成转账成功、银行正在处理的暂时性界面，如图 3-5 所示，就是网友利用某作图软件制作的虚假转账截图。

图 3-5   骗子利用软件生成转账正在处理的页面

此时，骗子将网银转账凭证截图发送给受害人，以博取受害人信任，并谎称钱款正在平台处理中，要在 2 小时后才能到账。而事实是骗子根本未转账，或因故意错输卡号，网银会在一段时间后，将转账钱款退还到原账户中。多数受害人轻信截图，并将欲卖出的商品交给对方，事后数小时才发现被骗。因此，对于网络交易中涉及付款，应注意以下几点：

（1）因为支付宝转账凭证等可以伪造，因此与对方尤其是陌生人，进行财务往来时，不能轻易相信对方提供的转账凭证或截图。

（2）收到转账凭证时，要进行仔细辨认，就算看不出真假，也一定要自行登录网银或去 ATM、银行柜台查询钱款是否到账后再做处理，以免上当受骗。

（3）如果条件允许，还可以与对方一起到附近银行办理转账手续。

（七）贪图便宜的心理不能有

爱贪占小便宜的人最易成为骗子的猎物，从古到今莫不如此。在网络时代，不同网络诈骗形式横行，各种虚假信息满天飞，更是让贪占小便宜成为网络诈骗的助推器。大部分诈骗的第一步就是放出虚假信息引起人们的注意，而什么信息容易引起大家的注意呢——"优惠""升值""赠送"等好消息绝对是引人注意的焦点——陷阱往往就存在于这些信息的背后。经梳理，以下几类虚假网络消息最容易抓住人们的贪占心理实施诈骗：

1. 网络兼职招聘类

骗子会在网上发布虚假网络兼职招聘信息，如做一些干活儿不累却回报丰厚的工作。领受"任务"后，客服人员会以"手续费""注册费""办理费"等名义要求用户先付款，且付款数额相对于用户即将获得的"优惠"少得多，一般都在几十元到上百元不等，并承诺一段时间内返还。交完费用后，客服会将用户交给另一个客服，并再次索取费用。当用户接二连三交费后感到不对劲，想要退款时，他们会给用户一个自动退款软件，一旦点开这个软件，用户的计算机就崩溃了，所有资料全无。

南昌的张女士在网上看到一组招聘兼职人员的信息，应聘条件都很简单，且回报较高。张女士觉得自己非常适合，就主动联系了对方。按照对方的要求，张女士在网店里购买了一定数额的充值卡，并给了店主一个好评。交易完成后，张女士非常顺利地拿到了第一笔佣金。尝到甜头的张女士在对方"引诱"下又接下了 15 单任务，在完成 8 单投入 800 元后，客服以各种理由拒绝返款，张女士这才意识到自己被骗。

因此，面对宣称"收入可观、干活轻松"等的网络兼职工作，一定要谨慎，极有可能是骗子放出的诱饵。接受网络兼职工作前，也应先通过多方渠道了解对方公司或机构的实际情况，以免上当受骗。同时，还要了解该工作是否合法，工作过程中应遵守国家法律法规。

2．低价商品类

一方面，骗子会通过比较知名的大型电子商务网站发布虚假的商品销售信息，以所谓的"超低价""走私货""免税货""违禁品"等名义出售各种产品，待用户付款后便携款而逃。另一方面，骗子还会将低价产品信息放在钓鱼网站里，用户购买某产品时，骗子就会获取用户的交易账号及密码。另外，骗子还会在一些普通的网站上加入某些六合彩赌博网站或淫秽色情网站的链接，引诱用户点击进入，想要进一步参与的话，需要缴纳一定的注册费（通常以手机号码进行注册，一旦注册成功即被扣掉 10 ～ 60 元不等的手机话费），才能成为会员。但往往交钱后均不能成为会员，或是成为普通会员后，网站还会引诱用户继续缴费成为贵宾会员。而这些链接，通常都指向了钓鱼网站，等待用户的上钩。

因此，对于价格明显偏低的商品要保持怀疑态度。虽然网上的商品一般比市面上的要便宜，但一些价格太低的商品不是骗局就是以次充好，所以一定要提高警惕，以免受骗上当。在网上购买商品时要仔细查看、不嫌麻烦，不仅要查看卖家的信用值、商品的品质，还要货比三家。

3. 中奖类

骗子利用传播软件随意向互联网 QQ 用户、MSN 用户、邮箱用户、网络游戏用户、淘宝用户等发布中奖提示信息，面对丰厚的奖品，当用户贪心一起，按照指定的联系方式进行咨询查证时，骗子就会以中奖缴税等各种理由让用户一次次汇款，直到失去联系。王先生使用 QQ 时，弹出一条中奖信息，提示王先生的 QQ 号码中了二等奖，奖金为 58 000 元和一台"三星"笔记本计算机。王先生喜出望外，急忙与对方联系。骗子要求王先生在得到奖品之前必须先汇邮费，王先生照办后，骗子又以保证金、所得税、无线上网费等名义继续让王先生汇款 1 万多元后，王先生就再也联系不上对方了。

"天上不会掉馅饼"，因此，突然被告知自己中奖，一定不要相信。让先付款才给发货的，一般来说都具有诈骗的可能。

4. 网络金融理财类

以诈骗为目的的网络理财平台，会设计虚假的基金网站，随后在各大网站广泛张贴广告信息，并承诺每天返利，或打着"低风险、高回报"的幌子，以高额回报为诱饵吸引投资者。为获取投资者信任，还会在发放初期投资收益，并诱使投资者加大投资，最后关闭网站，卷款潜逃。对于这类诈骗，我们要从以下 4 个方面来进行防范。

（1）不加投资"QQ 群"

为了能更快地获取投资收益，很多投资者会加入各种投资理财的"QQ 群"，以为能从中获得新的投资方向。但这些群往往是骗子的聚集地，一旦加入很有可能被骗子盯上。他们会根据平时"培训"所获得的"专业技能"，一步步设套让投资者掉入陷阱。所以，想要远离骗子，首先就要远离这些投资"QQ 群"。

（2）牢记"投资小、回报快"是诱饵

大部分金融诈骗都是以"高收益"来迷惑投资者，但实际上"投资小，回报快"的诱惑力根本不亚于前者，因为"高收益"有时还对应"高门槛"，很多投资者没那么多钱，而"投资小"就能直接解决这个问题。一旦相信，诈骗者就会让投资者先尝到"甜头"，等投资者投入更多的钱，就开始制造"亏空假象"，使投资者掉入"越亏越投、越投越亏"的陷阱中。因此，看到此类字眼最好避而远之，还是选择国债、稳利精选组合投资计划等产品，风险和收益都更为均衡。

（3）勿信"盈利截图""内部消息"

一些诈骗团伙会宣传和国内大型机构合作，能获得"内部消息"。同时，还把"盈利截图"及各种"资质证书"发给投资者看，打破投资者最后的心理防线。但实际上，这些东西只要通过一些软件如 Photoshop 等，都是可以伪造出来的，根本不可信。

（4）谨防"国际金融交易平台"

既然是网络投资，自然会有相关的投资网站平台。而诈骗团伙为了把投资者吸引到自己搭建的网站中方便幕后操控，并不让投资者发现破绽也是动足了脑筋。他们通常会对一些真实存在的国际金融交易平台进行山寨，并将真实的投资平台名字和山寨的网址发消息给投资者。即便投资者去查该平台，也会发现该平台确实是存在的，这就信了一半。再加上网站上都是英文，普通投资者根本无法察觉出不同，就全信了。所以，看到这些国外的交易平台，最好的方法就是"绕道"。

5．代发论文及代办资格证类

代发论文网站会声称帮作者代写论文，或把作者写好的论文推荐给某些核心期刊，优先安排发表，价格不等。按网站要求，先交 50% 的论文发表订金，交完订金寄去稿件后，就石沉大海，再也联系不上对方了。骗子还会在网上设立与知名杂志同一名称的虚假网站，给作者发送稿件录取通知，并让作者向指定的账户汇入版面费从而进行诈骗。

这些期刊网具有一些共同特点：

（1）均有可以正常打开运营的网站，如图 3-6 所示。

图 3-6 假冒论文代发网站

（2）均有 1 年以上等级的在线咨询 QQ 和手机号码，且 QQ 和手机号码都设置为期刊网所在城市，以此降低咨询者戒心。

（3）一概不接待上门顾客，不许去办公地方看，网站里也没有明确的联系地址，所有联系方式均为网上或电话沟通。

（4）咨询时，基本想发什么类别的核心期刊都可以，且价格普遍偏低。以计算机仿真为例，正规可以代发的至少要 1.5

万～2万元甚至更多，但他们开价都在5 000～6 000元，正常审稿期一般为2～3个月，但他们操作都在1～2周，会发送假的录用通知单，明显是使用Photoshop软件伪造的。如图3-7所示。

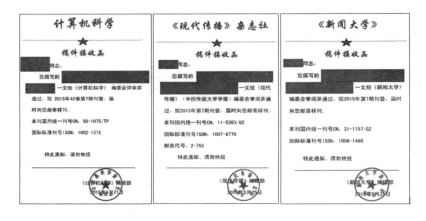

图 3-7　经过 Photoshop 软件修改的虚假稿件录用通知单

　　另外，由于工作或自身的需要，许多人都马不停蹄地参加诸如英语四六级考试、计算机等级考试、会计师、造价师、司法考试等资格考试，"考证热"急剧升温，由此衍生的提供考试信息、考试内部资料、预测考题、考试答案等的诈骗网站也层出不穷。

　　因此，有发表论文需求时，应自己撰写并找正规杂志社发表，不要有投机取巧的心理，杜绝请人代发等学术不端的行为。也不要在网上购买非正当产品，如考题答案、毕业证书、手机监听器等，这些几乎都是骗局，而且从遵纪守法与道德层面，也不能参与这些违法交易。网上提交论文时，要仔细辨别网站的真伪，很多非法刊物都是冒用期刊正规期刊的封面、期刊简介和投稿须知进行欺骗活动，且做得非常逼真，从栏目设置到具体内容，看上去既正式又规范，颇具迷惑性。通常正规杂志社的论文发表流程为：作者投稿—收稿回复—作者修改补充—确定合作—编辑审核—通知结果（采用通知单）—办理后续事宜—出版社邮寄稿件。同时，尽量不要通过搜索引擎或淘宝等方式来发表论文。

（八）微信朋友圈照片不能乱"晒"

骗子会根据用户微信朋友圈中所"晒"照片，充分掌握用户的个人情况后进行诈骗。尤其是"晒"孩子照片的行为，更加危险。前段时间，杨奶奶去广场跳舞时，4岁的孙女就在旁边玩，一个40来岁的陌生女子问孙女是不是叫某某某，接着说，我看过你的照片的，我是你妈妈的朋友，你妈妈就在那边的超市，我正好碰到你了，要不要带你去妈妈那啊。正说着，见杨奶奶的熟人过来，陌生女子就走了。事后，杨奶奶的儿媳妇有些后怕，因为自己经常在网上"晒"女儿的照片、去过哪里、在哪里吃饭等。经过这次教训，这位妈妈删除了所有跟女儿有关的内容。这已经不是个例，一网友在微博上"晒"孩子照片后，竟然有陌生男子打印了孩子的照片并放在钱包里，冒充孩子的舅舅去幼儿园接孩子。幸亏门口的保安比较机警，问这个"舅舅"孩子的情况，陌生男子前言不搭后语，才心虚地走了。因此，关于在微信朋友圈"晒"照片，以下几个方面一定要注意：

1. 要尊重孩子的隐私

孩子的意见也应该被尊重。在发孩子照片之前先询问是否可以。如果孩子不愿意公布某张照片，那么就不要再"晒"了，千万不要觉得自己是家长就能帮孩子做决定。包括孩子和他的小伙伴们一起玩耍时的照片，在"晒"朋友圈前也请得到其他孩子家长的允许。我们需要尊重别人的隐私。

2. 不要"晒"孩子的学校

如果你要"晒"照片，尽量避免在照片中出现学校的名字，或者学校标志性建筑物，还有校服。也许你觉得学校是很安全的地方，但是坏人很可能会通过学校相关信息把孩子拐走。

3. 不要"晒"孩子的名字

一些家长还会将带有孩子名字信息的照片"晒"到朋友圈，如幼儿园接送证、写有名字的生日蛋糕、写有名字的书包等，这样也有很大的风险。在"晒"照片前，请将名字和电话打上马赛克。

4. 关闭微信风险选项

在微信隐私设置中，"允许陌生人查看十张照片"的选项一定要关闭！

（九）微信朋友圈"八大骗局"要警惕

在微信的朋友圈里，帮宝宝投票、爱心筹款、集赞换礼品等消息越来越多，这些看似优惠或献爱心的活动，有可能会悄悄地盗走你的信息和钱财。因此，要警惕以下 8 类微信朋友圈骗局。

1. "性格测试"不要参与

利用带有噱头的某项调查，通过让用户填写姓名和出生日期等情况，来获取用户相关隐私。类似的还有免费设计签名、测另一半长相、有多少人暗恋你、测测你的名字值多少钱等。

2．"投票获奖"不要参与

这类投票往往要求先关注账号或绑定手机，并提供家庭真实信息。一旦骗子掌握到用户重要信息，就会编造车祸、重病等圈套行骗。

3．"集赞换奖品"不要参与

很多集赞活动都打着免费旗号，但兑现时仍有各类消费，不少是空头支票兑现难度大，还可能泄露信息或买到假货。

4．"筹款治病"不要参与

打着"身患绝症"等旗号博取人们的同情心，骗到钱财后逃之夭夭。这类案件犯罪对象不明确，犯罪地点甚至跨国，财产难追回。一定要提高警惕，不轻信、重核实。

5．"拼团买水果"不要参与

这种拼单主要是为商家增加 APP 下载量和收集消费者信息，若被不法分子掌握手机号、银行卡号、身份证号等个人信息，银行卡内的资金可能会被套取。

6．"帮忙砍价"不要参与

这类砍价链接都要求填写姓名、手机号码，甚至身份证号码，可能成为不法分子作案手段。

7．"转发免费送"不要参与

据调查，免费送的所谓"品牌商品"，一般都是从购物网站上批发来的，成本价极低。参与后，还有个人信息被泄露的风险。

8．转发领流量

为筛选哪些手机号是有效的，广告公司想出了"转发领流量"这么一招,一旦转发,自己的号码等信息就被广告公司掌握了。以前都是一个个试,现在直接做个网页等着人分享,然后就可以发广告信息或者打推销电话了。

四、网络诈骗事件的应对措施

(一)向好友发出预警信息

如果是自己的 QQ 或微信被盗、被仿造等,最有可能受到诈骗的就是这些软件中的好友,因此,应第一时间向好友发出预警信息,告知对方不要相信骗子的说法,更不能转账。

(二)对计算机或手机进行安全扫描

遭遇网络诈骗后,计算机或手机十有八九已经感染了病毒或木马,为防止损失进一步扩大,应及时断开网络,并利用计算机杀毒软件或手机安全软件进行全面扫描,清除病毒威胁。

(三)更改重要个人信息

如果 QQ、微信等账号密码被骗子掌握,那么骗子会根据一定的规律及自己所掌握的资料,破解出用户其他账户比如网上银行的密码。因此,受到网络诈骗后,也要及时地将自己的一些重要个人信息进行更改。李某的支付宝密码和微信钱包密码相同,他发现支付宝密码被盗后,不仅修改了支付宝密码,还及时把微信钱包密码进行了修改,降低了资金安全隐患。

（四）不要有贪占小便宜的心理

网络上很多陷阱都有诱人的诱饵在其中，比如超低价格促销、美女相亲、免费赠送等。大家要记住世上没有"免费的馅饼"，"免费的馅饼"往往意味着巨大的陷阱。在浏览网页时，不要轻信各类"有利可图"的广告。网上购物打折促销一定要擦亮双眼，尽可能确认网站的正规性和合法性，不要相信过于"优惠"的信息。小张喜欢在网络上购买打折物品，某日，她偶然间发现某款原价超过 5 000 元的手机只要 399 元就能购买，点开广告后，显示仅剩 3 部手机，需要先通过微信转账交 600元"抢购抽签押金"。小张求廉心切，毫不犹豫付款，紧接着便发现网页购买、发货等按钮均为无效链接，网页显示的在线客服也"永不在线"，小张这才反应过来自己已受骗上当。

（五）积极沟通协调解决

市民蔡女士给父亲网购了一个 800 多元的足浴盆，网站上介绍很详细，图品很精美，她看中了网站介绍的"环保健康材料制作"，就下了单。然而收到货以后，她发现足浴盆的塑料边缘有不少毛刺，而且很薄很软，还有一股很浓的刺激性气味。她认为这很可能是劣质材料，会有害健康，要求退货。但商家认为这些只是合理的瑕疵，商品本身质量并没有问题，不同意退货。后经淘宝介入后，蔡女士的问题得到了解决。

对于收到商品后发现与网上描述不一致的情况，应及时联系卖家并提供商品实物照片，以便双方协商解决。若无法协商一致，可以申请退款，并在卖家拒绝后点击"要求淘宝介入处理"，同时根据淘宝页面提示要求提供相应的凭证，等待淘宝审核处理。若交易已成功，应积极联系卖家协商换货或退货，保存协商好的阿里旺旺聊天记录和退货凭证，如果在交易成功后的 15 天内未得到解决（如退款还未收到），请及时到"我的淘宝"—"已买到的宝贝"页面找到对应的交易，点击"申请售后"，并在卖家拒绝后点击"要求淘宝介入处理"，同时按照淘宝的页面提示要求提供相应的凭证，等待淘宝审核处理。

（六）及时投诉减少损失

郑先生在网上淘了几件 T 恤和外套，网站上介绍 T 恤都是桑蚕丝面料，风衣外套则是羊毛面料，几件衣服总价 3 000 多元。收到衣服后，郑先生发现所谓的桑蚕丝 T 恤只是普通的人工材料，风衣里也没什么羊毛的成分。郑先生直接将商家起诉到了法院。经法院审理后，由商家赔偿郑先生 8 900 余元。

网页上看上去美轮美奂的商品，消费者拿到手后发现不尽如人意，在以往必然会和商家陷入无休止的扯皮中。但随着新版《消费者权益保护法》实施以来，不用再担心"实物与描述不符"。其第二十五条规定，网购收货 7 天内，消费者有权退货并无须说明理由。也就是说，我们如果发现收到的实物和网页描述相差太大，可以直接要求退货。比如向商家所在地的12315 进行投诉，也可以通过网购平台协调解决此事。只不过，退货的商品应当完好，消费者需要为"反悔"埋单，承担退货运费。同时，新修订的《消费者权益保护法》在原来退一赔一的基础上大幅度加大了处罚力度，非但将赔偿额提高到了三倍，最低标准也明确为 500 元。也就意味着即使是几元、几十元的小商品，只要商家有欺诈行为，至少应当赔偿 500 元。这一规定一定程度上能弥补消费者维权的成本，也鼓励消费者更加主动地维护自身的合法权益。

第四章

电信诈骗事件的
防范与应对

一、电信诈骗事件案例回放

陈先生收到了这样一条短信："陈先生您好，我是×××，我要结婚了，邀请您参加喜宴，时间地点请点击网址……"陈先生看到短信确实是自己朋友的手机号发来的，就点击了网址，却什么都没有。就在陈先生点开短信链接后的当天晚上，他就连续收到了三条银行卡交易通知短信，分别提示陈先生的账户被划走 1 000 元、1 000 元和 499 元，并且银行卡密码已经被篡改。同时，陈先生发现手机竟然还向一个陌生手机号发送了多条信息，其中包括银行卡的交易验证码短信。陈先生还算比较冷静，当即挂失银行卡并报了警。几乎同一天，陈先生手机通讯录里保存的联系人，纷纷给他打电话，说自己收到了他的短信，短信内容是陈先生通知大家，自己即将迁新居，邀请大家赴宴，并发送了一个网址链接。很多人和陈先生一样，随手点击了网址。两天内，已有三人账户上的金额被划走，最高超过 6 000 元。

二、电信诈骗事件的原因

（一）用户安全意识不强

很多用户在收到短信、接到电话时，防范意识不强，存在贪小便宜心理，盲目相信对方的便宜二手车、中奖信息，误入圈套；或怕惹麻烦，一听到电话欠费、洗黑钱、公检法机关冻结账户等就六神无主,任由骗子遥控摆布,拱手将钱财交给对方。

(二) 诈骗成本低、回报高

电信诈骗是一种低成本、高回报的犯罪,诈骗的手法很简单,很容易传播、仿效,用"一本万利"这个词语来形容骗子一点不为过。通过目前电信诈骗形式来看,骗子行骗的成本是非常低的,骗子只需要凑齐计算机、手机、短信群发器、号码群拨器以及背得滚瓜烂熟的"话术"即可。例如一起案件中,骗子花了两三万元买了一个短信群发器,在短短一个多月时间就骗了好几万元,涉及十几个省的用户都上当受骗。广泛撒网,一旦有人被骗,立即转换阵地。打一枪换一个地方的游击战术让破案难度大大增加,这也是遍地有电信骗子的原因。可以说这是一种投入很低、回报很高的诈骗形式,导致很多骗子愿意铤而走险。

(三) 诈骗手段以假乱真

电信诈骗从 20 世纪 90 年代程控电话普及开始出现,至今已经有近 30 年的"历史"。在这个过程中,电信诈骗经历了固定电话、传呼机、手机通话、短信、彩信、飞信等多种载体。诈骗手段有虚假短信、"响一声"电话、直接通话行骗、伪基站行骗等多种形式。诈骗方法有冒充公检法、冒充老朋友、冒充领导、冒充家人亲属等多种形式。另外,诈骗者行骗前往往会搜集受骗人相关信息,行骗时放出一些相关信息,骗取受骗者信任。张某经营的一家公司,由于资金紧张,拖欠了部分工

人工资。行骗者打听到这个消息后，立刻冒充"劳动仲裁机构"，要求张某提供 3 万元"保证金"，张某觉得对方如此了解自己的情况，信以为真，被骗取 3 万元。

值得注意的是，随着时代的发展，骗术也在"与时俱进"，经济形势向好时，"高收益投资"比比皆是；经济遇冷的时期，"低息贷款"遍地开花；普洱茶炒得高时，"藏茶一饼保障一生"不断涌现；各类行业资格证考试火爆，"低价保过"电话不断；大家越来越关注食品安全，"投资有机蔬菜"短信满天飞。诈骗者说辞灵活、信息收集全面，往往能够抓住受骗者当下的心理弱点，方法多样，形式多样，令人防不胜防。

（四）相关部门防范力度不够

1．实名制落实不到位

很多诈骗电话是通过 171 开头的手机号拨出的。所谓 170、171 号段，是虚拟运营商的专属号段。自 2013 年 12 月获得虚拟企业运营商牌照后，该号段在 2014 年年初面向市场放号，为用户提供移动通信服务。然而，就在该号段进入市场不久，迅速成为不法分子用于电信诈骗的工具，其主要原因就是实名制落实不力。并且，170、171 号段一般会提供较为优惠的资费，所以往往为诈骗分子用来跨境、跨区域拨打长途电话使用。此前，公安机关频频发出 170、171 号段是电信诈骗"重灾区"的警示。可以说，实名制的未落实，为电信诈骗者提供了较大的诈骗空间。

2. 对"改号"业务管控不严

"伪基站" 或改号软件可以以 10086 等名义发出短信，骗子将伪基站随身携带，利用手机自动选择信号最强基站的机制，在人流量大的地方使用。正规基站往往在高楼或者高山上，其信号强度远远不如伪基站发出的信号，于是手机就会将伪基站信号默认为正规的基站。获取到手机的信号（SIM 卡号）后，伪基站就模仿发出一段以 110、10086、955×× 等为发件号码的信息进行诈骗。

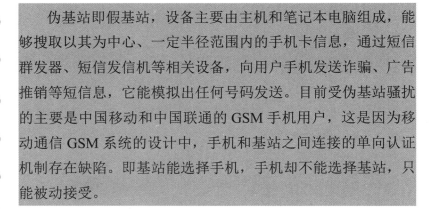

知识补充——什么是"伪基站"

伪基站即假基站，设备主要由主机和笔记本电脑组成，能够搜取以其为中心、一定半径范围内的手机卡信息，通过短信群发器、短信发信机等相关设备，向用户手机发送诈骗、广告推销等短信息，它能模拟出任何号码发送。目前受伪基站骚扰的主要是中国移动和中国联通的 GSM 手机用户，这是因为移动通信 GSM 系统的设计中，手机和基站之间连接的单向认证机制存在缺陷。即基站能选择手机，手机却不能选择基站，只能被动接受。

（五）量刑轻、惩罚力度小

目前，法律对电信诈骗犯罪定罪量刑仍是采用普通的诈骗罪的定罪量刑标准，骗子被抓后没过多久便被放出来，使得骗子对电信诈骗应承担的后果没有足够的畏惧。另外对电信诈骗数额的调查取证有一定难度，致使骗子不能受到法律的应有惩罚。

三、电信诈骗事件的防范

电话或手机作为必不可少的交流工具，已经密切地融入我们的日常生活当中，正是这样的需求使一些不法分子有机可乘，电信诈骗事件愈演愈烈。对此，我们应从以下几方面进行防范。

（一）不要轻易点击短信内的链接

1. 链接内暗藏病毒

骗子会将携带木马病毒的网址以短信的方式发送给用户，并配上诱人点击的说明，如"我是你老公女朋友，要和他结婚！这里有相片，自己去看吧……""家长您好，这是您孩子的成绩单""最近在干吗呢？我整理了一些同学聚会照片，有空记得看看哦！照片地址为……"等，如图4-1所示。

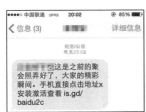

图 4-1　携带病毒链接的短信

手机用户一旦点开链接，木马病毒就会自动在手机后台下载安装一个 APK 文件，这个程序会盗取手机里的通讯录，然后再以机主的名义，向手机里的联系人继续发送这样的短信。同时，病毒还能窃取机主的姓名、手机号码、身份证号码、银行账户、微信、网银、支付宝账号及密码等个人信息，并拦截所收到的短信发送给骗子，后果可想而知。据相关统计，近 8 成病毒短信受害者被骗金额在 1 万元以上。单以照片、相册病毒受害事件的涉及金额占比来看：3.33% 的受害者损失 10 万元以上；13.33% 的受害者损失 5 万元至 10 万元；60% 的受害者损失 1 万元至 5 万元；仅 23.33% 的受害者损失低于 1 万元。

因此，无论短信内容再怎样引人入目，或是十万火急，一定不能盲目点击里面的链接。哪怕短信内容再如何诱人，一定不要在短信中进行操作。退一步讲，就算真如短信内容所说"网银需升级""手机需续费"等，也可以通过直接登录官方网站的方式来解决这些问题，而不能盲目点击短信中的链接。如果是自己朋友发来的短信，感到异常时，一定要通过电话与对方核实。

2．链接内暗藏钓鱼网站

骗子还会通过伪基站，以公众服务号的名义，向用户发送诸如"中国移动提醒：您的积分 26 300 分即将失效，请及时登录 wap.10086pen.com 安装掌上客户端提现 263 元，祝生活愉快！""您好，由于系统原因，您的支付宝余额支付功能即将关闭，需要您重新激活使用，详情点击……""尊敬的交行用户：您的手机银行将于今日过期，请立即登录我行网站 wap.bankomn.com 更新升级，给您带来不便，敬请谅解【交通银行】""工行紧急通知，据银行公布实施银行卡实名制，请您登录 wap.icberx.com 进行补录信息，未补录的银行卡将被限制使用【工商银行】【95588】"等短信。

看到是官方服务号码，用户一般不会过多怀疑，同时，在贪图小便宜的心理下，用户通常都会直接点击链接进入网页，按照提示进行下一步操作。实际上，链接后面就是一个钓鱼网站，骗子就是为了获取用户的账号及密码，盗走用户银行卡内的资金。例如，家住海淀的汪先生收到一条短信，称他的手机号码积分可以兑换百余元的现金，而且积分即将到期。如图 4-2 所示。

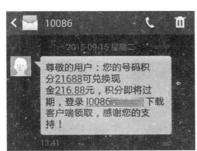

图 4-2　手机钓鱼网站

在这条短信中，还附带了兑换积分的网站链接。汪先生当时看到这条链接中有 10086 的字样，没有过多怀疑便点了进去。点击进入网站后，整个网页和移动公司的官方网站看起来也一样。如图 4-3 所示。

图 4-3　含有钓鱼网址的短信

按照界面提示，汪先生填写了自己的银行卡号和密码，随后他又按照网站的要求下载安装了一个应用软件。随后，汪先生银行卡中近两千元被盗走。

因此，如果收到运营商、银行等官方号码发出的信息，提示"积分""激活""过期""系统升级""资金支出"等信息，要谨慎小心，最好是致电官方客服电话询问核实。在任何信息中看到陌生网址都不要随意点击，因为这些钓鱼网址都设计得与其要模仿的官方网站很像，用户很难分辨真假。

（二）不要投机取巧贪便宜

很多人在面临入学、找工作、晋升提职等重要事情的时候，不愿意通过正规渠道去争取，而是想要投机取巧，在"花钱办事"上动歪脑筋，把这些大事托付给"找关系""走后门""打招呼"的歪门邪道上，这就给骗子留下了可乘之机。比如骗子了解到某人即将考公务员，通过虚假短信、电话声称"考多少分都没有用，我跟某某局长是哥们儿，你拿两万元，这事就办了"；或者在各类资格考试结束后，许多考生均会接到骗子的短信或电话，称"出钱就一定可以通过"等。若其心态不端正，想通过"走后门"的方式来解决，最终会被骗子利用。同样地，被告知"中奖了"，或由于对方的失误，要给自己资金"补偿"等，一旦听到有钱可退、有利可图时，贪婪心也将导致更大的损失。当受骗者信以为真，把钱按要求汇款到指定账户后，骗子早已卷款而逃。

因此，不管骗子使用什么甜言蜜语、花言巧语，都不要轻易相信，要知道"天上不会掉馅饼"，及时冷静下来。不贪心、不轻信，不回复手机短信及电话，不给骗子进一步设圈套的机会。

（三）不要轻信短信及来电内容

1. 陌生短信不要轻易回复

骗子利用网络软件，编写虚假内容发送到用户手机上，一旦用户按提示编辑指定内容回复后，便落进了骗子设下的陷阱。近日，北京的小李收到一条手机短信，内容为"您已成功订购中国移动无线 TV 业务，标准资费 118 元 / 月。如需退订请编辑短信'HK0D0011550629116'到 10086。中国移动"。如图 4-4 所示。

图 4-4　诈骗短信截图

因为自己从来没有订购过中国移动无线 TV 业务，奇怪之余，小李担心被扣费，便按短信提示操作了。谁知没过多久，小李的网上银行、支付宝等接连被盗，同时，小李的同学、好友等陆续收到了小李手机号发送的"借钱"短信。按照中国移动短信默认规则，短信中的"HK"是换卡业务的首字母，而"HK"后面的一系列数字，则是诈骗分子提前编辑好的空白手机 SIM 卡卡号。也就是说，只要用户按短信提示申请退订，自己手机卡就会自动更换到骗子准备好的空白 SIM 卡中。骗子们复制了手机号后，便能够以用户的名义在聊天软件内群发"借钱"的诈骗短信，还能够登录用户的网上银行、第三方支付平台等进行密码找回操作，盗刷与手机号绑定的银行卡内资金。

因此，遇到陌生号码发来的短信，无论内容如何，一定要保持理智，首先通过电话与运营商取得联系并核实后，再进行下一步操作。

2. "航班取消"短信不要轻易相信

用户订机票时，飞机航班信息有调整都会用短信进行通知，骗子就是利用了这一点，向用户发送"航班取消"的虚假短信，再以补偿用户"延误费"等为诱饵，骗取用户银行卡内资金。为获取这笔"延误费"，很多用户都会根据骗子提示一步步将自己的钱转给对方。

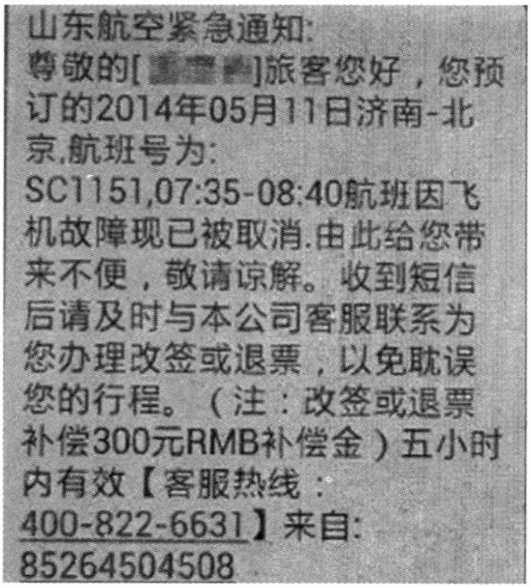

图 4-5 "航班取消"诈骗短信

储女士在网上订了 3 张次日从合肥到泉州的机票，当天下午她就收到了一条"航班取消"的短信。短信称，明天的航班因为故障取消了，每位旅客将获得 200 元的航班延误补偿，需要联系客服办理，如图 4-5 所示。

因为短信里姓名、航班、起飞时间都是吻合的，储女士没有怀疑，按短信中提供的客户服务电话拨了过去。对方询问了储女士的银行卡信息后，让储女士以网上转账的方式，将 3 张机票的工本费共 60 元转过去，随后便可获得延误费。但对方一直强调要将"交易代码"——4301，填入转账金额一栏里。此时，储女士冷静下来，停止了操作，随后拨通了航空公司的客服电话，才了解到其实航班根本没有取消。

此类诈骗方式还有一种情况，骗子会称退还用户机票费的话需要验证用户银行卡的转账功能，询问用户银行卡里余额后，让用户在 ATM 或网上向提供的账户转高于余额数目的金额，并告知用户此次转账会因余额不足而不会成功，只是为了验证，而不会真的转账。但同时，骗子会悄悄向用户卡里存入部分钱款，使余额高出转账金额，并成功转账。用户会诧异为何会成功转账，骗子则顺藤摸瓜解释说系统出了故障，钱会如数退回，但需要重新验证，又要求用户转其他银行卡上的钱，此时用户讨钱心切，往往又会操作其他银行卡。用这种办法，骗子又一次转空用户的另一张银行卡。

因此，首先我们应通过正规渠道订购机票。对于一切"航班取消"类信息，不能贸然拨打短信中留下的客服电话，一定要拨打航空公司官方客服热线进行核实。如果是由于航空公司自身的原因导致航班取消，航空公司会全额退款、免费签转、变更航班，不会向旅客收取任何"工本费"。同时，正规的售票渠道或航空公司在退改签时不会要求旅客提供银行卡信息，只要是询问这类信息的，很有可能是骗子。

3．400 开头来电不要接听

"400"电话在设立之初受到用户的信任，很大原因在于其是正规企业的服务电话，且由企业方承担通信费用。不仅提升了企业形象，而且能增加客户对企业的信任。因此在多数人们眼中，以"400"开头的电话一直是大公司、大品牌的象征，表示的是一家正规企业。近年来，"400"电话却更多地被骗子所利用，其诈骗方式主要分两种：一种是利用改号软件使来电号码显示为"400"电话，这在技术上易实现，但也很容易露馅，因为回拨过去会提示没有此号码或者无法回拨；另一种是不法分子通过代理商办理"400"电话，一旦放松监管，违规情况就会比较多。徐州市民赵某接到一个显示为"4000779995"的电话，对方称赵某不久前在网上买的毛衣，因工作人员操作失误，导致其银行卡要被扣钱，必须赶紧采取措施避免损失。赵某随即按照对方在电话中的要求进行操作，共给对方汇款 19 000 元后方才发现被骗。苏州市民丁某接到号码为"4006695566"自称"中国银行客服热线"的电话，称其信用卡可以提升信用额度，让其提供信用卡卡号、注册日期和信用卡背面的3位识别码。丁某按对方要求提供相关信息后，很快收到了"95566"发来的确认短信，丁某又按对方要求将该交易确认码提供给对方，发现信用卡被消费 900 余元。

因为正规大型企业单位"400"热线一般只作为被叫，不会用作主叫外呼，政府机关也不会使用"400"电话作为服务热线，所以看到"400"开头的手机来电，一律不要接听。同时，自己的手机号码也不要随意公开。

4. "领导"来电多加提防

骗子首先会从一些非法的"信息公司"购买大量手机号码及机主信息，普通群众信息是一角到三角钱一条，公务员是五角钱一条，部分信息详细到姓名、电话、单位、职务、上下级关系等。给被骗者打电话时，可以直接叫出机主姓名，然后以职务调动、工作组需要协助调查为由较快地与被骗者套上近乎，再以办事需要进行"打点"而身上没钱为由，或者要疏通关系需先垫付资金等为借口，对受骗者进行诈骗。

"小雷，你明天早上10点钟来我办公室一下。"2014年5月，惠州公务员雷某接到一陌生手机电话来电，自称是他的领导。接到电话后，雷某有些迟疑，小心地询问是哪位领导。没想到对方语气十分强硬"没听出来啊！我都亲自给你打电话，你还不知道是谁啊！上次找我帮你办事的。"对方开始暗示职位调动的事情，雷某听后似乎有点恍然大悟。对方见雷某"开窍了"，便称"这是我私人号码，你明天到楼下给我打这个电话。"第二天早上9点多，雷某正准备到领导办公室时，接到了"领导"的第二个电话，称办公室来了两位领导，要他稍等5分钟。在雷某等待的过程，电话再度响起，称两位领导在调动一事上很重要，但因为提前到来自己没有准备，让雷某把现金准备好了送过去。雷某听后深信不疑，甚至觉得在这职位调动的紧要关口，能帮领导办事机不可失。就在他准备取现时，"领导"又来电了，称办公室人太杂不好收现金，让雷某马上到银行把钱打到"领导"账户上。同时，"领导"还强调保留好转账小票，下午到办公室"领导"会还钱给他。就这样，雷某汇出了5万元后，"领导"的手机就关机再也联系不上了。

从2014年起，很多人都曾像雷某一样，接到过陌生号码的来电，自称是接听者的"领导"，可这个"领导"却从来不主动说自己是谁，而是让你听声音来辨别，"全凭你觉悟"，"领导"也不是让你干具体的工作，而是叫你"明天到办公室来一趟"，如果你不小心掉入陷阱，这位"领导"就会用各种理由要求给他打款，这种新型诈骗手段是之前"猜猜我是谁"的升级版。与此类似的手法还有：冒充公检法机关"怀疑你涉嫌洗黑钱"；冒充移动、联通等电信公司的工作人员告知"因发送诈骗短信要停机"；冒充邮局、快递公司的工作人员称"包裹藏有毒品或银行卡"；冒充银行工作人员称"卡被他人盗刷欠费"；冒充社保局通知你"社保账户有问题"；冒充黑社会大哥"找你寻仇"等。这些骗局都是以各种手段先将被骗者震慑住，再通过成员间的分工、角色扮演，将被骗者的电话层层转给一个"办案人员"，而"办案人员"会提供一个所谓安全账户，让被骗者把钱打进去后以解决问题。无论何种手段，最终目的均为诱使被骗者将钱转入骗子账户，虽然手段并不高明，却屡屡有人受骗上当，并且遭受不小的经济损失。当然，这类诈骗事件中，骗子多是利用被骗者"怕得罪领导""做贼心虚"等心理，来实施诈骗。

对此，我们平时应规范自己的言行，不论是工作上还是生活上，都应正直为人，坦诚待人，做到"身正不怕影子斜"，杜绝这类受骗事件的发生。在面临入学、找工作、晋升提职等重要事情的时候，应通过正规渠道去争取，不要投机取巧，在"花钱办事"上动歪脑筋，把这些大事托付给"找关系""走后门""打招呼"的歪门邪道上，这就给骗子留下了可乘之机。不贪心、不轻信，不回复手机短信及电话，不给骗子进一步设圈套的机会。应该牢记，公检法人员不会以电话方式通知涉案情况，不能任意互相转接电话，不会把通缉令或逮捕令轻易展示给个人，也不会设立所谓"安全账户"要求转账，更不会索取银行账户、验证码、密码等重要信息。

四、电信诈骗事件的应对措施

如果遭遇了电信诈骗，发生了财务损失，除了及时报警、修改相关密码以外，我们还应注意以下 4 点：

（一）手机莫名停机要警惕

1. 尽快与手机运营商核实

如果手机突然没有信号了，不要本能地将原因归结于网络问题或手机问题，因为你可能遭遇了补卡诈骗！骗子如果获取了你身份证的信息，会到营业厅办理补卡业务，你的手机卡当即失效，同时转移到了骗子手中。此时应马上与手机运营商核实情况，如有异常应及时挂失手机号以及与手机号关联的银行卡、支付宝等，冻结 QQ 微信等相关账户，向公安机关报案，并补办手机卡。

2. 尽快更改网上营业厅登录密码

如果骗子获取了用户网上营业厅的账号和登录密码，那么他就可以进行多种方式的诈骗。比如先以用户身份订购手机报等服务，收到系统发送的订阅提示短信后，用户会担心扣费而急于退订。此时骗子继续以用户身份在网上营业厅内发起"自助换卡"业务，系统这时会将验证码发给用户。骗子进而以"退订服务需回复验证码"的名义，向用户索要刚刚用于"换卡"业务的验证码，从而将用户手机卡堂而皇之地换到了自己手中。因此，如果收到莫名的业务增订或退订短信，一定要拨打官方客服电话或去营业厅咨询。如果是骗子所为，应马上更改网上营业厅的登录密码。

（二）任何情况下不要透露验证码

手机验证码是很多网络平台判断是否进行钱款交易的重要依据，一旦泄露为骗子所掌握，那么用户手机绑定的各类账户均有可能被盗，并发生资金损失。某日，小许连续收到了几条来自中国移动官方号码的短信。短信称，他已成功订阅了一项"手机报半年包"服务，并且实时扣费造成手机余额不足。如图 4-6 所示。

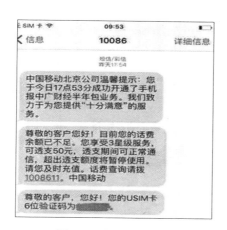

图 4-6　诈骗短信截图

　　正当小许纳闷自己根本就没有订阅这个服务时，又一条短信接踵而至，内容显示，只要回复"取消＋验证码"即可退订该项服务，且 3 分钟之内退订免费。当小许正在琢磨"验证码"到底是什么时，手机上又收到了一条来自"10086"的短信，里面就包含验证码。一心只想快点退订手机报服务的小许并未多想，便编辑了"取消＋六位验证码"的短信回复了过去。如图 4-7 所示。

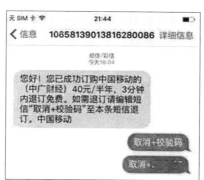

图 4-7　诈骗短信截图

这时小许的手机突然显示"无服务"，无论重启多少次都没有响应。因为在下班乘地铁途中，小许也没有过多怀疑。晚上回到家后，小许的手机在无线网络下，接连收到了多笔支付宝消费提醒，如图 4-8 所示。再一查余额，发现支付宝账户余额已被转完，每张银行卡余额均为零。

图 4-8　支付宝转账截图

结合前文介绍我们知道，盗取了用户手机网上营业厅账号密码后，骗子相继用该账户订阅扣费服务、发起换卡业务（该业务会向用户手机发送验证码），并伪造一条类似"如需退订业务请发送校检码到×××"的短信发给用户，不想被扣费的用户就会直接将刚才收到的验证码发送给骗子，用户的手机卡即被骗子更换。

因此，遇到讨要验证码的短信，一定要仔细辨别，看清楚该短信与自己所办理的业务是否一致，如有异常，则坚决不能透露自己的验证码。

（三）调整心态积极应对

2016 年 8 月 19 日，山东省临沂市 18 岁的准大学生徐某因接到诈骗电话，被骗走 9 900 元学费，家境贫寒的她在报警返回途中突然晕厥，最终因心脏骤停死亡。同期，在临沂市河东区，另有一名女学生被骗走 6 800 元学费。

听到这些让人扼腕的消息，在谴责骗子道德沦丧行为卑劣的同时，我们也应该通过以下几个方面来强化自身心理承受能力：

1．面对挫折不要悲观逃避

遇到困难挫折时，逃避不能解决任何问题，消极悲观也只会让情况越来越糟，应该采取乐观和忍耐的态度来积极面对。俄国著名诗人普希金曾写过这样一首诗："假如生活欺骗了你，不要忧伤，不要心急，忧郁的日子请加忍耐，相信吧，那愉快的日子就要来临。"

2．热爱生活，主动地去创造美好生活

一个人只要对生活充满热情，就会增强对压力的承受力，对生活中的不愉快的事，就会以坦然的态度和坚强的意志去迎接，有了坚强的意志，就能够按照理智的要求控制自己，冷静地、全面地对待生活中的困难和挫折给心理带来的压力。恰是这种意志给人们带来了克服困难、战胜挫折的勇气和信心，大大增强了心理的承受力。

3．有目的地进行心理训练

心理和身体一样，通过一定的锻炼活动能促进健康。在培

养心理承受力方面，"挫折教育"和"耐错教育"都是非常重要的。遇到问题时，还可以及时寻找专业的帮助，例如和心理医生谈话，或是进行一些减压的瑜伽训练，来提高自己心理承受的能力。

（四）解决渠道要找准

在涉及银行账户的诈骗中，一旦发现自己被骗，一些重要信息已经泄露，要争分夺秒，第一时间通过银行、警方等正规渠道对自己的存款、信用额度等进行管控冻结。比如银行卡问题，要通过正规银行客服电话及时挂失冻结账户；支付宝等问题，要及时与支付宝客服联系，冻结账户。在焦急中千万不要慌不择路，随便相信他人推荐的电话、邮箱，以免再次上当。

（五）四个"切勿"、四个"坚决"

1．四个"切勿"

（1）切勿贪图便宜。

（2）切勿泄露手机"验证码"。

（3）切勿透露个人及银行卡信息。

（4）切勿点击短信或微信内的链接。

2．四个"坚决"

（1）坚决不相信自称领导（老板）的汇款要求。

（2）坚决不相信自称"公检法"的汇款要求。

（3）坚决不相信"家属"出事先要汇款的通知。

（4）坚决不相信中奖、领取补贴要先交钱的要求。

第五章
网络暴力事件的
防范与应对

网络暴力事件是指一定规模数量的网民们，针对某人或某事件，通过网络集中发布一些违背社会公共道德和传统价值观念以及触及人类道德底线的言论、图片和视频，达到诋毁目的，从而引起大规模网民群体参与的网络事件。网络暴力能对当事人造成名誉损害，而且它已经打破了道德底线，往往也伴随着侵权行为和违法犯罪行为。

　　网络暴力不同于现实生活中拳脚相加、血肉相搏的暴力行为，而是借助网络的虚拟空间用语言文字对人进行伤害与诬蔑。这些恶语相向的言论、图片、视频的发表者，往往是一定规模数量的网民们，因网络上发布的一些违背人类公共道德和传统价值观念以及触及人类道德底线的事件所发的言论。这些语言、文字、图片、视频都具有恶毒、尖酸刻薄、残忍凶暴等基本特点，已经超出了对于这些事件正常的评论范围，不但对事件当事人进行人身攻击、恶意诋毁，更将这种伤害行为从虚拟网络转移到现实社会中，对事件当事人进行"人肉搜索"，将其真实身份、姓名、照片、生活细节等个人隐私公布于众。这些评论与做法，不但严重地影响了事件当事人的精神状态，更破坏了当事人的工作、学习和生活秩序，甚至造成严重的后果。

　　事实上，中国的"网络暴力"问题，至少可以追溯到2001年"9·11事件"发生的次日。当时，一些所谓"爱国"青年不仅没有为此感到悲伤与同情，反而通过网络表达一些幸灾乐祸的观点。幸好，每到这一刻，总有未丧失良知的人站出来，从人类道义的角度，呼唤人性中的善，并对由网络言论折射出的恶进行反思。本书收集了一些近年来典型的网络暴力事件，对事件原因进行分析，并提出了防范与应对措施。

一、网络暴力事件案例回放

2013 年 7 月 28 日，14 岁的潘某某在网上发表言论，因对足球球星出言不逊，结果手机、地址、学校、家人被一一曝光，更被粉丝上门围堵惊动警察，潘某某一度被传出自杀。

2015 年 4 月 21 日，因不堪网络欺凌，24 岁的台湾女明星杨某在家中结束了自己年轻的生命。在某网站上，短短 70 天内有 65 篇抨击该女明星的文章，均为骂其恶心、做作、抢人男友等人身攻击，甚至抨击她酗酒、出卖身体。网络上大量尖酸刻薄的语言使当事人身心俱疲，多次产生轻生念头，最终导致悲剧的发生。

2015 年 5 月 13 日晚，著名主持人何某被质疑在某外国语大学"吃空饷"，举报人乔某当即被"人肉"。他的手机、邮箱、微信、女儿照片等个人隐私被网友公开，众多自称何某粉丝的网友，称乔某为"人渣""狗""傻×"等。据乔某介绍，迄今为止他已收到 280 多页微博私信，其中每页 20 条，"几乎都是辱骂、恐吓和威胁，但也有少数是支持。"此外他称每天都能收到 10 余条来自全国各地的恐吓威胁短信以及电话，邮箱里也塞满了"死全家"等咒骂邮件。还有网友晒出了其女儿的打码照片，并威胁将公布其女儿不打码照片。

二、网络暴力事件的原因

（一）匿名致使口无遮拦

网络的一大特点就是网民在互联网中可以利用匿名、假名、昵称等非本人真实信息来发表言论和参与网上活动，虽然有利于网民自由透明地发表见解和言论，但也会导致网民口无遮拦、肆无忌惮的状况出现，这正是导致网络暴力发生的客观原因。作为一个平台，一个媒介，网络自从兴起就是开放、自由的象征。它的开放和自由很大程度是源于其匿名性。如图 5-1 所示。

图 5-1　匿名发布言论

美国学者 Hayne 和 Rice 认为，互联网匿名性可分为两大类：一类是技术匿名性，另一类是社会匿名性。技术匿名性是指在交流过程中移除所有和身份有关的信息。社会匿名性则指由于缺乏相关线索，而无法将一个身份与某个特定的个体相对应。每个网民几乎都使用过"技术性匿名"和"社会性匿名"。除非特殊情况，如名人博客等，网民在网站注册用户时，通常使用化名，在后续的发帖和文章中，署名显示的便是注册时使用的用户名（即化名）。但归根到底，网民使用技术性匿名手段的目的是达到社会性匿名的效果，即其他网民并不知道是谁发的，尽管那个人可能就在你身边。

安全感就是网络匿名性的魅力，正如有网友称："在互联网上没人知道你是一条狗。"因此网民在发表言论时，尤其是批评建议时，减少了后顾之忧。历史上，我国一度对言论有过较深桎梏，而网络时代，互联网的匿名性则极大地释放了网民的表达意愿。当然网络的匿名性对他人造成伤害的情况很多，最突出地表现在"人肉搜索"和"网络暴力"上。

高中生小李到一家服装店购物，之后店主将小李购物时的监控视频截图发布到了网络上，并配文称截图中的女孩是小偷，请求网友曝光其个人隐私。很快，小李的个人信息，包括姓名、所在学校、家庭住址和个人照片均遭到了曝光，网上充斥着批评和辱骂小李的声音。2013 年 12 月 3 日 20 时 24 分，在连续发出"第一次面对河水不那么惧怕""坐稳了"两条微博后，小李跳入河中，结束了自己年仅 18 岁的生命。

网民之所以敢肆无忌惮地对事主进行"攻击"，依仗的正是匿名身份。他们作为无名的大多数中的一员，不必为自己的行为承担任何责任，风险更是趋近于零。在这种背景下，现实生活中的道德底线甚至是法律底线都被网络的匿名性轻易地冲破了，网络暴力便自然而然地产生。

（二）虚拟致使失去理性

网民在互联网中所表现出来的建立在非理性或非逻辑基础

上的心理倾向和具体行为，与网民的构成结构密切相关，虚拟的网络容易使得网民失去理性，正是形成网络暴力的主观原因。据统计，中国网民群体整体趋于年轻化，学生、低收入者、无业下岗人员成为网民的主体，这些特点与网民的非理性均密切相关。如年轻化会导致互联网的整体环境易陷入狂热的氛围中；网民主体为学生、低收入者与无业下岗人员的现状，势必会导致互联网中对现实社会不满情绪的泛滥和蔓延，从而造成网民在互联网中更倾向于采取"以暴制暴"的极端措施。

现阶段，导致网民非理性行为产生的主观原因主要包括以下几个方面：

1. 心理认知不成熟

据《第 35 次中国互联网络发展状况统计报告》显示，截至 2014 年年底，我国网民规模达到 6.49 亿。从年龄结构来说，网民主体仍是 30 岁及以下群体，"80 后""90 后"人群已成为我国网民群体的主力军。10 ～ 39 岁的网民人数占我国总网民人数的 78.1%，达到 5.068 7 亿之多，其中 20 ～ 29 岁年龄段的网民占比最高，达到 31.5%。从学历和文化层次来看，网民群体中具有中等教育程度的人数最多，初中、高中（中专、技校）学历的网民占比分别是 36.8%、30.6%。一些年轻网民青春躁动的心理和情绪，使他们在网上常常以"愤青"的角色出现，情绪化、感性化和易冲动是他们的惯常表现，常常使其网络行为和网络参与变得简单化和极端化。另外，除暴安良、惩恶扬善又是许多年轻网民特有的侠义情结，以伸张正义为目标、道德审判为武器，成为他们渴望在网络上获得认同的重要手段。在相关法律制度还不健全的现实背景下，一些年轻网民的言行常常游离于暴力与正义之间，如果其在网络上随意宣泄，就往往会成为网络暴力的参与者和推动者。

2. 法治意识淡薄

网络非理性行为产生的深层次原因是网民道德素质的不高和法治意识的淡薄。作为网民，必须遵守基本的网络道德规范，对自己发布的信息要认真分析、核实、查证，不能道听途说、歪曲事实、散布谣言、诬陷他人。但事实上，一些网民道德素质不高、法治意识淡薄，极易产生非理性行为。

3. 存有侥幸心理

侥幸心理是网民非理性行为产生的主要因素之一。匿名条件下的网络平台为人与人之间的交往提供了与现实社会不同的虚拟空间，而其匿名性、虚拟性、免责性强的特点容易使网民产生侥幸心理。在虚拟的网络世界里，人们看到的文字、听到的声音等都是以数字终端的形式显现，网民可以隐藏自己的身份。社会学的匿名理论认为，由于匿名，个人就会产生责任分散心理及对破坏规范不承担后果的侥幸心理。这种侥幸心理对个人法律道德素质的约束力大大降低，容易导致网民非理性行为的产生。

2006 年，震惊一时的"铜须门事件"，就是因为 ID 为"铜须"的某网游玩家被人在网上指责与他人偷情，遭到"人肉搜索"，由此不断受到恐吓和骚扰，整件事情严重影响了该玩家的生活和家人。事件影响之大，以至于国外媒体都做出报道，玩家这种自发行为更是被上升为文化现象，"网络暴民"一词由此产生。2008 年 5 月，一段视频中一名女子用轻蔑的口气大谈对"5·12"四川地震和灾区难民的看法，脏话连连。随后，有网友发帖将该女子的详细信息，包括身份证号、家庭成员、具体地址、QQ 号码以及家人的电话公布于网上。随后警方将该女子拘留。

在虚拟的网络社会里，网民因为相近的观点或对同一事件的共同关注，很容易结成群体，其认识和观点相互感染，极易导致一些极端行为的产生。另外，当网络群体中一些网民与大多数网民的意见不一致时，常常会在"沉默的螺旋"的作用下产生偏移和分化，不是退出这个群体，就是被多数网民的意见所左右。当前，由于特定的历史原因和现实状况，在我国，网民对于公平和正义的缺失以及官员贪污腐败、贫富差距等方面问题极易表现出"群体极化"的倾向，而在这种状态下，人的言行往往极不理智。

（三）网络传播方式简单

随着互联网科技的不断发展，互联网的使用也越来越人性化。只要网民会打字——哪怕不会打字，只要通过语音识别录入的功能，即可实现在互联网上发表评论、阐述意见。更多的时候，网络暴力的施行甚至不需要发表或录入自己个人的意见，而是仅仅通过简单的"复制""粘贴""剪切""删减"等操作即可实现，任何掌握网络技术的行为主体都可以通过文字、图像、声音、视频等数字化形式实施直接或间接的网络暴力。

2011 年 3 月 11 日，日本东海岸发生 9.0 级地震，地震造成日本福岛第一核电站 1～4 号机组发生核泄漏事故。3 月 15 日中午，浙江省杭州市某数码市场的一位网名为"渔翁"的普通员工在 QQ 群上发出消息："据有价值信息，日本核电站爆炸对山东海域有影响，并不断地污染，请转告周边的家人朋友储备些盐、干海带，暂一年内不要吃海产品。"随后，这条消息被广泛转发。3 月 16 日，北京、广东、浙江、江苏等地发生抢购食盐的现象，许多地区的食盐在一天之内被抢光，期间更有商家趁机抬价，市场秩序一片混乱。引起抢购的是两条消息：食盐中的碘可以防核辐射；受日本核辐射影响，国内盐产量将出现短缺。3 月 17 日午间，国家发改委发出紧急通知强调，我国食用盐等日用消费品库存充裕，供应完全有保障，希望广大消费者理性消费，合理购买，不信谣、不传谣、不抢购，并协调各部门多方组织货源，保障食用盐等商品的市场供应。3 月 18 日，各地盐价逐渐恢复正常，谣言告破。

通过网络介质（如邮箱、聊天软件、社交网站、网络论坛等）传播一些没有事实依据的言论，流传速度极快，一个帖子、一条微信、一则微博，看似无足轻重，一旦被大量网民评论转发，后果不可估量，极易造成大众的恐慌，并对正常的社会秩序造成不良影响。

（四）网络媒体责任缺失

互联网中，形形色色的网络传播平台，既包括各大新闻或综合门户网站，也包括天涯、猫扑、知乎等草根社区，甚至还包括个人网站和博客。为吸引眼球、提高点击量，网络媒体争相第一时间将新闻放到了首要位置，而对新闻真实性的审查却被轻视甚至是忽略。

一些网站在市场竞争中处于绝对垄断地位，没有竞争的压力，为了获得更高的盈利收入，可以不顾及受众的利益，不用顾及自己的公信力和企业形象。在受众和广告商的利益发生冲突时，甚至为了商业利益而放弃社会利益。从"三鹿奶粉事件"某网站收受三鹿集团的公关费用对有关事件的报道进行屏蔽从而引发"某网站屏蔽门事件"可以看出，我国部分媒体社会责任意识的淡薄。

2007年12月29日晚，毕业于北京某名牌大学的姜某从自己居住的楼房跳楼自杀，并在博客中曝出丈夫王某的婚外情。其后众多网友对王某进行"人肉搜索"，将其姓名、工作单位、家庭住址等详细个人信息逐一披露，并有人在王某家门口墙壁上刷写、张贴标语。2009年10月12日，一位自称来自河北容城县的女子，在自己的博客上公布了279名曾与自己发生过性关系的男性手机号码，并称自己身染艾滋病。所谓的"性接触者号码"在一夜之间传遍全国各大论坛。后公安机关介入调查，确定该博客的发布其实是该女子前男友的报复行为。

这些"网络暴力"典型案例中，网络媒体责任缺失占了主要原因。如"艾滋女事件"中，信息未经证实，便在天涯社区、西四胡同等社区中疯狂传播，随后这条消息也出现在了各大网络门户网站上，最终造成了不良后果的发生。因此，网络媒体的责任缺失，也是造成网络暴力形成的重要原因。

三、网络暴力事件的防范

网络暴力事件伴随着互联网的快速发展应运而生，作为网民中的一员，我们应从以下几个方面来防范网络暴力事件。

（一）提高自身网络素养

2015 年 8 月 12 日天津塘沽发生爆炸，消防官兵第一时间赶赴现场进行救援，灾情牵动人心，众多明星在微博悼念遇难者的同时，积极发起募捐。和众多明星一样，艺人张某在天津发生爆炸灾难当晚发微博称："明知去了回不来，为什么还要让他们去；明知回不来，为什么还要去？"收到了大量差评，并被网友批评用词"不妥当""口无遮拦、没心眼"等，网友疯狂吐槽，张某意识到不妥后赶紧删除微博，并向事故中的遇难者及牺牲的消防员家属捐款 100 万元。

由于在网络传播中，人们所处的传播情景是虚拟的，网民是以匿名的身份发表言论，他们是"无名的大多数"，现实生活中本该遵守的规范和约束在网络传播中失去了应有的约束力，网民不必为自己的行为承担责任，风险趋近于零。网民的责任意识和法律意识就会大大降低，他们很容易突破道德底线而情绪化地表达自己的意见。在受到某一事件的刺激时，很多网民处于一种非理性状态，他们会迫不及待地对当事人进行讨伐与攻击，表达自己的观点和立场，显示出不满与愤怒，当附和的人越来越多达到一定程度时，网络暴力事件便由此产生。我们应该要辨别和质疑网上传播的信息，不能盲目相信，同时也要提高自己的识别虚假信息的判断能力，善于分析、辨析。针对网络传播的一些"关系重大"的信息不妨多方求证，不能依靠网络单一信息来源，尤其不能以此作为自己行为选择的判断依据来源，被谣言牵着鼻子走。

法律规定：禁止用侮辱、诽谤等方式损害公民、法人的名誉。也就是说，辱骂并不是一种无责任的宣泄，它是要承担责任的。因此，作为网民的一员，遇到任何言论，我们不要对他人进行侮辱，这对改变现状于事无补，理性的言论是达成共识的最好武器。对于网络热点或炒作事件，要做到不参与、不评论、不传播，不要将自己有限的精力耗费在这些无意义的事情上，尽量将注意力集中在对他人有益的事情上。要能正确理解媒介信息，提高自身的网络素养，提高对虚假信息、负面消息的免疫能力，生活与工作中应处处注意自身言行举止，做一名合格的文明的公民和网民。提高自身的"自护、自辨、自制、自省"能力。"自护"就是学会保护自己，上网有节有度，能避免网络的不良影响。"自辨"就是学会自己判断、辨别网络信息好坏的能力。"自制"就是学会控制自己，抵御各种诱惑。把网络作为知识的来源和学习的手段，而不是作为猎取不良信息的途径。"自省"就是自己检查和反省自己，反思自己的网络行为，提醒、告诫自己在使用网络时不犯错误。

同时，要积极设立网民发声渠道，并做好言论和舆情的引导。网民也要提高自身素养，加强自律意识和道德素养，强化网络社会伦理道德建设，倡导文明上网。

对于我国庞大的网民群体来说，媒介素养教育就是培养网民对媒介的本质、手段及其产生效应的认识能力和判断能力，目的在于帮助他们学习和掌握网络信息的采集、制作和传播等，最终提升网民传播信息的判断能力和水平，从而自觉主动地排斥不健康的网络信息。在这方面，国外的一些做法非常值得我们借鉴。媒介素养教育在西方发达国家的开展已有 80 余年，美国、加拿大等国家已经将媒介素养教育纳入国家的正规教育体系之中。因此，我们要借鉴国外的有益做法，并结合我国实际，通过学校、网络运营商、网民自身等共同开展媒介素养教育。就学校来说，应把媒介素养教育纳入国家正规教育体系之中，如编制相关教材、开设相关课程等，不仅能够使广大学生学习了解网络知识和相关的政策法规，而且能够促使他们树立正确的信息传播观念、规范自己的网络传播行为。就网络运营商而言，不能只追求经济上的短期利益，同时必须承担相应的社会责任，如通过"聚集焦点事件""评述网民言论"等方式，帮助和引导网民辨别网上信息的虚假和真实。对于网民自身来说，既要正确使用网络，自由而理智地表达自己的言论，又要通过综合的理性分析和比较，正确判断信息的真假，努力做一个理性的、负责任的传播者。

（二）不将个人信息泄露到网上

2015 年 5 月，成都发生"女司机变道被打事件"，不久之后，该女司机的私人资料被"人肉搜索"出来，不仅两辆车的车牌号被曝光，大量未经证实的违规行车记录、酒店开房记录、家庭住址甚至生理期等个人隐私信息也都被"晒"在网上。

知识补充——什么是"人肉搜索"

　　"人肉搜索"是利用人工参与，通过其他人来搜索自己搜不到的东西，更加强调搜索过程的交流和互动。"人肉搜索"最初发源于"猫扑网"，当某人需要解决一个问题，就在猫扑发帖并许诺一定数量的虚拟货币"Mp"作为酬谢。很快，有人看到这个帖子后，就会去用搜索引擎来寻找问题的答案，然后争先恐后地把找到的答案回在帖子里面邀功。最后，提问题的人得到了答案，回帖者得到了 Mp。这也就形成了所谓的"人肉搜索"引擎的机制。这种信息搜索方式，一方面弥补了原有的单向性搜索方式的缺陷，体现了集体智慧的力量；另一方面，也出现了借助这种搜索方式窥探、泄露他人隐私的过激现象，这便是网络暴力的一种表现形式。

　　大多数网络暴力的发起看起来似乎都是对不合情理现象的讨伐，这本身无可非议，但由于人们在狂热、非理性情绪的支配下，再加上网络传播结构的开放性和流言传播的易失实性，使得传播内容很容易出现差错或被人利用，使当事人无辜蒙冤。尤其是网民的个人信息如果不慎被泄露到网上，则网络暴力事件发生后，就连事件的发起者站出来要求人们取消打击行为，也都无济于事，最终走向了暴力的极端而无法收拾。"铜须门事件"就是典型的例子：当事人即使在道歉后也不能摆脱困境，事件的发起者声明事件原委"纯属杜撰"，要求网民取消进一步的行动，也未能缓解事态发展。因此，对于某些社会现象，我们不要轻易在网上发表评论。在利用社交软件聊天、论坛发帖、微博发表文章时，尽量不把个人信息暴露在网上。比如家庭住址、身份证号码、电话号码、家人情况、照片等。同时，在某些网站注册等确需留下个人信息时，要多方确认该网站的合法性与正规性。如图 5-2 所示。

图 5-2　留下个人信息要小心

（三）转发时需注明出处

一些网络暴力事件本来源自虚假信息，经多人转发后，可能逐渐在人们心目中就成了理所当然的事实。如上文中的"艾滋女事件"，本就属于捏造事实的报复行为，许多网民不辨真伪、不分青红皂白，盲目转发，对社会及相关人员造成了极大的负面影响。根据《关于规范网络转载版权秩序的通知》中的相关内容："互联网媒体转载他人作品，应当遵守著作权法律法规的相关规定，必须经过著作权人许可并支付报酬，并应当指明作者姓名、作品名称及作品来源""互联网媒体转载他人作品，不得对作品内容进行实质性修改；对标题和内容做文字性修改和删节的，不得歪曲篡改标题和作品的原意""报刊单位与互联网媒体、互联网媒体之间相互转载已经发表的作品，应当经过著作权人许可并支付报酬"等，网民在转发各类消息时应多选取权威信息源的信息，并标注出处，拥有多方信息源则更佳，不要一看到感兴趣的信息或是吸引眼球的消息就盲目转发。这样既能遵守相关规定，又可避免虚假信息的传播，还可增加自己转载信息的可信度。

（四）不造谣、不信谣、不传谣

网络的迅猛发展在给信息交流带来快捷方便的同时，也使谣言"插上了翅膀"。借助现代信息技术，网络谣言不仅限于特定人群、特定时空、特定范围传播，其传播速度与影响范围呈几何级数增长，危害巨大。一方面，网络谣言会败坏个人名誉，给受害人造成极大的精神困扰；另一方面，网络谣言还会影响社会稳定，给正常的社会秩序带来现实或潜在的威胁，甚至损害国家形象。一则小小的谣言在网络的时代很有可能引起"蝴蝶效应"，造成严重的后果。

天津港"8·12"特别重大火灾爆炸事故发生后，一些微博账号、微信公号编造、散布"有毒气体已向北京方向扩散""方圆一公里无活口""商场超市被抢"等谣言，制造恐慌情绪。

还有人谎称亲属在爆炸中身亡，以"救灾求助"为名传播诈骗信息，谋取钱财。特别是一些"网络大 V"恶意调侃，发布极不负责任的有害言论，造成了恶劣社会影响。在此期间，国家互联网信息办公室严肃查处了 360 多个传播涉天津港"8·12"特别重大火灾爆炸事故谣言信息的微博、微信账号，依法对有关账号采取关停措施。

谣言产生时，政府机构方面需要在第一时间对外发布公开、透明的信息，用尽可能翔实、清晰的事实证据阐释事件的来龙去脉，澄清迷惑，取信于民。公民个人方面则需要增强社会责任感，在发言之前，应首先考虑自己的发言是否有确凿根据，是否会给他人和社会造成不良影响。做到不造谣、不传谣、不信谣，在这个信息高速传播的网络时代，更要求我们提高自身素质，自觉遵守社会道德。不要盲从，不要忽视小小谣言可能会带来的危害。如图 5-3 所示。

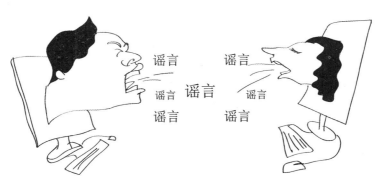

图 5-3　不造谣、不传谣、不信谣

延伸阅读——谣言致山西地震官网"瘫痪"

2010 年 2 月 20—21 日，关于山西一些地区要发生地震的消息通过短信、网络等渠道疯狂传播，由于听信"地震"传言，山西太原、晋中、长治、晋城、吕梁、阳泉 6 地几十个县市数百万群众 2 月 20 日凌晨开始走上街头"躲避地震"，山西省地震局官方网站一度瘫痪。期间，李某最先将道听途说的消息编写成"你好，21 日下午 6 点以前有 6 级地震注意"，并使用手机短信息发送传播；一名 20 岁的在校大学生傅某在百度贴吧发布《要命的进来》帖文，称有"90% 的概率"会发生地震；在北京打工的张某为了提高网上点击率，先后多次在网上发布"山西地震"的消息；24 岁的工人朱某某为了起哄，在百度贴吧发帖称"山西太原、左权、晋中、大同、长治地震死亡 100 万人"。21 日上午，山西省地震局发出公告辟谣。山西省公安机关立即对谣言来源展开调查，后查明造谣者共 5 人，对造谣者分别处以行政拘留及罚款。

（五）强化监管规范传播

在面对网络暴力事件时，网站的管理者及网络媒体必须承担起责任来，要强化自律意识，保持高度的敏感性，并迅速做出反应，调查事件真相，完整、全面地展示整个事件的发生过程，消除一些流言、谣言，牢牢把握舆论引导的主动权，正确引导网民的非理性、盲从情绪。

网络传播者应自觉承担起信息传播过程中"把关人"的角

色，做好网络信息的收集、取舍、过滤、整合、发布全过程的把关工作。还要通过网络实名制的推行，使网民的真实身份可以被准确查询到，在责任主体明确的情况下，网民发表言论便会有所顾虑，从而可以最大限度地净化网络环境。

（六）"立法＋技术"双管齐下

网民理性的回归，仅靠网民的内在自律是远远不能实现的，还必须辅以外力强制，即法律、制度、纪律、舆论等方面。因此，一方面要建立健全网络管理的法律法规、道德规范和网络社会的伦理道德教育理论体系，使广大网民的网络行为有可遵循的规矩和准则；另一方面，相关部门要进一步加强网络主阵地建设，以多种形式弘扬主旋律，鼓励有水平、有见地的理论工作者开设讲坛、博客等，以传播先进的网络思想文化、营造良好的网络参与氛围。

目前，我国有关互联网的法律法规还不够完善，亟须制订一套成熟的法律法规，以实现对网络开放性的法律控制，使网络传播朝着健康的方向发展。另外，由于网络的高度开放性、技术性，仅仅借助于法律一种手段进行舆论管理已难以适应网络的发展，对网络言论的管理还要依靠高新科技。在法规层面、技术层面同时着手，双管齐下，才能更好地应对网络暴力。

（七）塑造网民的公共理性

公民精神的核心内容包括公共理性，它特别强调公民的责任，要求公民以宽容和沟通的精神关注、解决公共事务。就网民而言，在面对各种网络信息时要理性看待，在了解事情真相之后再发表言论，防止盲目跟帖，以提高自身网络参与的责任感和自律性。作为管理部门来说，要改变观念，把对网络的管理从管理控制向规范引导转变，为发挥互联网在公民社会培育上的积极作用创造空间。如企业要通过企业文化提升和培育员工的公民意识和公共理性；学校要在日常的管理和教学活动过程中，有针对性地加强对学生网民的公共理性教育，重视其参与学校事务和发挥主体作用的重要意义，这是培育学生网民公民意识和公共理性的重要途径。总之，广大网民要尽快适应网络社会的发展要求，把自身的权利与义务统一起来。网民不是虚拟的人，而是具有社会属性的社会人。如果每一位网民都能够把自己当成社会人来看待，把恪守伦理道德作为自我约束，那么无论是在现实社会还是在虚拟的网络空间，其都能以公民身份遵守现实与虚拟的规范，突破自身的人性局限，培养自己的公民精神和公共理性。这种通过网民自律提高网民整体素质的做法，是网络社会理性发展的最佳途径。

四、网络暴力事件的应对措施

不能否认，网络已日渐成为一种新的民意表达渠道，越来越多的民众习惯选择在网络上获取新闻信息，并通过发表自己的意见与诉求参与到社会公共事件的讨论中去，网络舆论也由此产生。这不仅是我国社会主义民主进步的重要体现，而且也确实对许多现实事件回归真相起到了积极的促进作用。但我们不能因此忽视"网络暴力"现象，对其所触及的道德与法律问题应高度重视，并深入剖析其成因，探寻切实可行的对策，力求避免"网络暴力"事件的发生或将其带来的负面影响减少到最小，只有这样才能更好地净化网络舆论环境，有效地发挥网络舆论监督的作用。

习近平总书记在 2014 年中央网络安全与信息化领导小组成立后的讲话中所说："要创新改进网上宣传，运用网络传播规律，弘扬主旋律，激发正能量，大力培育和践行社会主义核心价值观，把握好网上舆论引导的时、度、效，使网络空间清朗起来。"然而对于网络暴力事件，其参与人数多、个体罪责小、主观恶意行为不明显等特点，导致公安、司法机关难以对网络暴力事件参与者进行精确甄别和处罚，使得这类事件屡屡发生。因此，遇到网络暴力事件后，我们应从以下几个方面来进行应对。

（一）及时报案

一旦网络暴力事件发生，应第一时间向公安机关报案获取帮助。如图 5-4 所示。并可以通过 IP 地址查找对方的真实信息。根据《中华人民共和国人民警察法》第六条的规定，人民警察应当依法履行"监督管理计算机信息系统的安全保卫工作"的职责。就此而言，目前正在从事公共信息网络安全监察工作的人民警察应当称为"网络警察"。网络暴力扩张阶段影响力蔓延速度呈指数式增长，在最初出现苗头时及时通过公安网监部门控制信息传播，可以作为一种亡羊补牢式的应对措施。另外，网络暴力还会常常伴随对居住地和当事人本人、家人骚扰等实体伤害，报案后可以将此类伤害的影响程度降到最低。

图 5-4　及时报案

（二）与网络平台沟通

发生网络暴力事件后，可尝试与知名度高、影响力较大的贴吧、论坛等网站客服人员联系沟通协调，申请删除或控制不良信息的传播。如果发生网络用户利用网络服务实施侵权行为的，被侵权人有权通知网络服务提供者采取删除、屏蔽、断开链接等必要措施。网络服务提供者接到通知后未及时采取必要措施的，对损害的扩大部分与该网络用户承担连带责任。根据国家相关法律，网络上是禁止恶意发布个人具体信息的。一些大型网络社区，每天的发帖量相当大，网管很难在第一时间判别哪些是禁止发布的信息，这需要当事人和其他网友的支持。发现禁发信息后，一定要在第一时间跟网管联系，这样网管才能尽快地删除信息。

（三）放低姿态澄清事实

如果是因谣传、讹传而引起的网络暴力事件，当事人可以通过网络发出自己的声音，应客观、冷静、诚恳地以低姿态澄清事实真相，利用手头证据澄清事实。我们还是要相信一句话，群众的眼睛是雪亮的。当然，也可本着"清者自清"的原则，不掺和、不参与，让流言逐渐归于平息。如果是确因自身做得不对，即自己原创或转发的信息、观点与事实有出入时，当事人也应第一时间通过网络诚恳地表达歉意，主动担负起传播错误信息的责任，避免事件持续酝酿发酵甚至不可收拾。

（四）理性智慧应对谣言

在突发事件舆论面前，不能盲目跟风，信谣传谣，而要运用理性与智慧进行妥当处理。

1. 帮忙不添乱

谣言少一些，真相就会快一点。有的网民在不明真相的情况下，捕风捉影、跟风评论，但最终真相均与其大相径庭。因此，我们在突发事件面前，要做帮忙不添乱，不随意信谣、传谣，为真相让出最快的通道。

2. 传递正能量

面对突发事件，如果确实需要要在网络上发言，也应以正面的、鼓励的言论为主，传递正能量。如天津港"8·12"特别重大火灾爆炸事故发生后，一些公众人物在微博等公共平台发布消息，在对灾情予以关切、对遇难者表达哀悼的同时，也呼

吁民众平复情绪、理性应对，不要因盲目冲动而影响现场救援。不少网民也纷纷投入传递正能量的队伍中来，"牧羊人"网上呼吁："要相信党和政府，不要添乱了，现在最重要的是救援、监测，把事故控制在最小损失状态。不要相信谣言，不要乱传播谣言，众志成城、抗灾救人、团结一致、渡过难关。"网民"单刀"对"天津消防员席地通铺而睡"发表评论："本人武汉消防退伍老杆子一枚，以前在部队时经历过很多救火救援任务，累是肯定累的，危险性大我们也要向前冲，毕竟我们肩负使命和责任，我们是人民子弟兵，危急关头不容许后退，付出青春汗水乃至生命，我们不需要过多掌声、鲜花，我们需要的是理解和肯定……"传递善意善举，尊重事实，静候结果。如图 5-5 所示。

图 5-5　传递正能量

第六章

个人信息安全事件的
防范与应对

个人信息安全事件是指由于个人信息发生泄露，而导致财产损失、受到骚扰、受到人身威胁，甚至威胁到国家安全等的事件。相信你或多或少遇到过这些状况：垃圾短信源源不断、骚扰电话接二连三、垃圾邮件铺天盖地、信用卡被冒名透支、案件事故从天而降、被"公安部门"要求转账汇款、账户钱款不翼而飞、个人名誉无端受毁……

对个人隐私的侵犯和保护问题一直受到人们的高度关注，特别是近年来互联网的飞速发展，不仅改变了人们的生活方式、工作方式和思维模式，还给人们的生活和工作带来了极大的便利。但是，任何事物都具有两面性，网络在方便我们生活的同时，也给个人信息的安全带来了极大的隐患。根据公开信息，2011年至今，已有11.27亿用户隐私信息被泄露，包括基本信息、设备信息、账户信息、隐私信息、社会关系信息和网络行为信息等。人为倒卖信息、手机泄露个人信息、计算机感染木马病毒、网站存在安全漏洞是目前个人信息泄露的四大途径。比如，莫名其妙地接到一些广告推销等骚扰电话、银行卡在自己手中却被别人盗刷、第一次通电话时对方却能准确说出自己的职业……个人信息安全事关所有网民的切身利益，也成了当前人们日益关注的话题。更严重的如网购消费者提供的个人姓名、收货地址、联系电话、购物品类等信息，都进入公开贩卖的"黑市"。一家自称淘宝数据商家的QQ平台卖家表示，网购者的物流信息、所购商品信息等数据需求量很大，可全天发货，最便宜的一份"花2 000元就能买到3万条个人信息"。如何保护网络背景下的个人信息安全，需要我们每个人的积极参与。本书收集了近年来常见的个人信息安全事件，分析并提出了防范与对策，以供读者参考。

一、个人信息泄露案例回放

案例一：北京的白先生在人事考试中心官方网站报名参加一项职称考试，报名后的第二天，就收到了铺天盖地的短信和电话。这些短信和电话都在兜售 2016 年职称考试的"真题"和答案，一天之内多达十几次。白先生的手机满屏幕皆是"独家提供原题""零基础通过考试""过关再付款"等字眼。更令人惊诧的是，他还接到一些推销电话，接通后对方叫出了自己的名字，还知道自己的考试类别和工作单位。不仅北京，全国各地如甘肃、陕西、江苏、山东等地许多网友也上传截图，吐槽被这类短信和电话缠身。一名宁波考生竟收到来自本地、安徽、黑龙江等多地的卖题短信。

案例二：某日上午，北京刘姓记者给司机打电话，约定见面地点。上车之后，司机便问："你是记者吧？"司机说这是手机自动显示的。刘记者又拨了司机的电话，屏幕上不仅显示了他的手机号码，还有两个字"记者"。这让曾经揭露、曝光了不少事情的刘记者非常担心自己的安全。而成都某电台节目主持人孙女士出门坐车时，也被未曾谋面的司机认了出来，原因正是司机手机中的软件识别出了孙女士的身份，上面显示着"成都交通台孙××"。

案例三：杨某（25 岁，高中文化）在北京一家教育培训机构上班，发现公司掌握大量家长信息后，就偷偷复制了一些在网上分批出售，共获利 1 万余元，平均每条信息 5 厘钱。徐某（37 岁，硕士文化）因创业开公司需招收学员，正好收到杨某的信息，经联系后，便花了 2 000 元从杨某手中获取了理工大附属小学等 7 所小学学生家长的信息。之后他找短信代发公司，以每条 5 分钱大批量群发垃圾短信，每年能增加 25% 的招生量。同时，徐某加价后以 2 万元的价格将部分信息卖给同行。事后，2 人均以涉嫌非法获取公民个人信息罪被捕。

　　案例四：由于平时做生意需要，张某的手机上装有某银行的手机终端软件，也开通了相关的短信提示服务。1 月 27 日当天，张某去银行取钱，一查余额却大吃一惊，自己卡上原本有 6 万多元，此时却只剩下了 500 多元。而 U 盾、银行卡均在手，账户还绑定了手机短信，密码也没丢失……银行卡上的钱却不翼而飞了。张某当即报了警。警方调取的银行资料显示，从 25 日到 26 日下午，张某的这笔钱分 69 笔被人盗刷。经调查，张某的钱是通过 3 个第三方交易平台"溜走"的，其中最大的一笔消费记录为 4 000 多元。银行的工作人员发现，张某的手机还被骗子做了手脚，收短信的功能被屏蔽，因此这两天里的所有交易记录，他压根都没有收到短信提示。在与第三方交易平台客服联系后，警方得知，张某的钱大多被用来进行充话费、购买游戏点卡等虚拟消费。目前警方已对此立案调查，初步怀疑可能与张某使用公共场所的免费 Wi-Fi 有关。

二、个人信息安全事件的原因

个人信息泄露的原因主要有以下三个方面：

（一）安全保护意识不强

个人缺乏信息和隐私权的保密意识，在网络环境下也容易泄露个人信息。比如随意接受"问卷调查"，填写个人信息；上网时不经意发布个人信息；在未采取安全措施的情况下，浏览安全性未知的网站，导致个人计算机中病毒；密码过于简单、易于破解。遇到公共免费 Wi-Fi 随意连接，导致自己的账号密码被盗等。在不经意中，我们的信息也许已经泄露，被有心人加以利用。虽然现在人们普遍开始对个人信息保护有了一定的认识，但保护意识还是相对薄弱。

另外，很多用户上网设置密码时，喜欢使用本人生日、年龄和电话等数字组合的方式，这些信息泄露后，就会成为破解网上银行、股票账户、电子邮箱等账号密码的线索，加快密码破解进程，从而盗取用户资金。

（二）管理不力利益第一

在信息高度发达的现代社会，一个人不可能与世隔绝，人们频繁地与外界交往，造成某些个人信息时刻处于被泄露的状态。某些掌握大量公民个人信息的部门，如电信公司、网站、银行、保险公司、房屋中介、某些政府部门、教育部门、房地产公司等行业，或者其从业人员往往有机会接触到大量的公民个人信息，这些行业虽均有系统内部出台的关于个人信息的保护意见和规定，但由于管理技术措施不力，信息管理制度不健全，部分从业人员法律意识不强，且内部执行不到位等情况，部分工作人员谋取私利，造成这些行业成为个人信息泄露的"重灾区"。比如，个人在办理购房、购车、住院等手续之后，相关信息被有关机构或其工作人员卖给房屋中介、保险公司、母婴用品企业、广告公司等；银行、保险公司、航空公司等机构之间未经客户授权或者超出授权范围共享客户信息。一名不懂任何黑客技术的前厨子，自称没花什么成本，就窃取到近一亿条个人信息。这些包含姓名、电话、身份证号码、家庭住址、淘宝流水、开房记录的个人信息，经过筛选后，以6分钱一条的价格，打包出售给证券公司、装修公司、信贷公司、淘宝商家或是电信诈骗团伙。某些工作人员为了蝇头小利，出卖了顾客的信息，带来的也许是一系列的连锁反应，那么后果将是无法预计的。

2012年8月，严某入职某快递公司，任研发工程师。2013年10月开始，严某利用其任研发工程师的职务便利，从某快递公司的数据库里导出客户信息资料（包括个人姓名、住址、联系电话）进行出售，每条价格在0.2～0.5元，截至2014年6月，严某获利达到36万元人民币。依此推算，严某出售的个人信息达到百万条。2013年4月至8月，被告人杨某通过互联网购买某快递公司内部网络系统登录地址、用户名及密码，并先后邀约杨某甲、杨某乙、刘某等人，登录快递公司内部办公系统，下载大量记录有客户姓名、地址、联系方式等内容的快递信息，并将上述非法获取的 180 万余个公民个人信息通过网络贩卖，从中牟利 5 万余元。2014 年下半年至 2015 年 7 月，某快递公司仓管员陈某结识了懂得编写计算机程序的杨某，两人商量由杨某编写一个批量下载的工具，从快递公司系统内下载个人信息。除此之外，一旦软件出现问题，杨某还可以立即予以修复，重新投入使用。区人民法院一审以非法获取计算机信息系统罪对陈某予以定罪，判处其有期徒刑 4 年，处罚金 8 000 元。对于开发软件的杨某，则被判处提供侵入、非法控制计算机信息系统的程序、工具罪，判处有期徒刑 4 年，处罚金人民币 8 000 元。前述案件中，窃取、销售快递单信息的人员大多均被处以非法获取公民个人信息罪，判处有期徒刑，并处以罚金。

业界颇具影响力的"乌云漏洞平台"称，某旅游网站系统存技术漏洞，可导致用户个人信息、银行卡信息等泄露。漏洞泄露信息包括用户姓名、身份证号、银行卡类别、银行卡卡号、银行卡 CVV2 码（信用卡背面的三位数安全码）等。这意味着，一旦这些信息被黑客窃取，在网络上盗刷银行卡消费都将易如反掌。

（三）安全法规与制度不够完善

《刑法》第二百五十三条明确规定："违反国家有关规定，向他人出售或者提供公民个人信息，情节严重的，处三年以下有期徒刑或者拘役，并处或者单处罚金；情节特别严重的，处三年以上七年以下有期徒刑，并处罚金""窃取或者以其他方法非法获取公民个人信息的，依照第 1 款的规定处罚"。可是，何谓"情节严重"并无具体司法解释，各地在侦办此类案件时缺乏统一标准。此外，往往只有黑客与掮客遭到打击，利用个人信息推销产品、售卖保险的"客户端"公司却极少处罚。

现阶段《宪法》和其他法律尚未明确规定侵犯公民个人信息和隐私权的范围及其追究方式，导致个人信息经常被人倒卖或泄露而无法追究责任，进而出现很多为获利而盗取个人信息的机构和产业。有关机构超出所办理业务的需要，收集大量非必要或完全无关的个人信息。比如，一些商家在办理积分卡时，要求客户提供身份证号码、工作机构、受教育程度、婚姻状况、子女状况等信息；一些银行要求申办信用卡的客户提供个人党派信息、配偶资料乃至联系人资料等。有关机构未获法律授权、未经本人许可或者超出必要限度地披露他人个人信息。例如，一些地方对行人、非机动车交通违法人员的姓名、家庭住址、工作单位以及违法行为进行公示；有些银行通过网站、有关媒体披露欠款者的姓名、证件号码、通信地址等信息；有的学校在校园网上公示师生缺勤的原因，或者擅自公布贫困生的详细情况。在一个诚信状况不理想、责任感普遍缺失的社会，仅仅依靠人们道德自律，恐怕远远不够，再加上缺少强有力的法律手段来保护，人们即使发现了自己的信息被泄露，也会因为担心维权的结果不尽如人意而最终放弃维护自己的合法权益。

三、个人信息安全事件的防范

每个人都有自己的私密空间，需要保留一些不希望透露给外界的信息，如个人的身份信息、社会经历、生活习惯和兴趣爱好等。这些信息内容不仅涉及个人的名誉，影响着社会对自己的评价，而且关系个人正常生活状态的维持，甚至日常社会交往的开展。如何防范个人信息遭到泄露，我们应做好以下几个方面。

（一）个人信息安全意识要提高

1. 不要随意透露自己的个人信息

个人信息主要包括以下类别：

（1）基本信息。为了完成大部分网络行为，消费者会根据服务商要求提交包括姓名、性别、年龄、身份证号码、电话号码、E-mail 地址及家庭住址等在内的个人基本信息，有时甚至会包括婚姻、信仰、职业、工作单位、收入、病历等相对隐私的个人基本信息。

（2）设备信息。主要是指消费者所使用的各种计算机终端设备（包括移动和固定终端）的基本信息，如位置信息、Wi-Fi 列表信息、MAC 地址、CPU 信息、内存信息、SD 卡信息、操作系统版本等。

（3）账户信息。主要包括网银账号、第三方支付账号、社交账号和重要邮箱账号等。

（4）隐私信息。主要包括通讯录信息、通话记录、短信记录、IM 应用软件聊天记录、个人视频、照片等。

（5）社会关系信息。主要包括好友关系、家庭成员信息、工作单位信息等。

（6）网络行为信息。主要是指上网行为记录，消费者在网络上的各种活动行为，如上网时间、上网地点、输入记录、聊天交友、网站访问行为、网络游戏行为等个人信息。

政府、医疗、教育、金融、电信、交通、保险等部门在提供公共服务时，都需要收集和处理大量的公民个人信息；人们在购车、购房、炒股、求职等活动中均需填写个人信息；商家通过问卷调查、会员登记等方式收集个人信息；印制名片时会留下个人信息等。如果这些部门和机构在信息安全方面监督管理失控或技术措施不到位，或商家缺乏行业自律、内部人员道德败坏，这些个人信息很可能会被主动出卖或用于商业交换，而变得岌岌可危。一名不愿透露姓名的"从业者"称，获取个人信息不需要门槛，很多"业内人士"乐意与同行"分享"数据。由于是"走量"销售，个人信息的价格多为几分钱一条，甚至低至几厘钱。精准分类的个人信息最终流入商家或不法分子手中，无休止的垃圾短信、骚扰电话便成为大家挥之不去的噩梦。郑女士2015年6月因为购房在地产中介注册了个人信息，结果至今平均每周都能接到几个推销电话，卖铺面、搞装修、办贷款的各种各样，令人不胜其扰。王先生的孩子刚刚放暑假，各种培训机构、辅导班的推介短信便接踵而来。对于为何会知道自己的电话及相关信息，王先生觉得非常疑惑。一位自称"胖师傅"的网友发帖称，几日来连续收到不同号码发来的短信，说自己的车违章了，令他疑惑的是，车牌号码和车主身份信息都是正确的。

因此，要充分认识到个人信息泄露可能带来的严重后果，不能抱着无所谓的态度，不能有任何麻痹思想和侥幸心理。不能轻易将自己及家庭的信息透露出来。在工作、生活中，某些企业、机构会要求留下个人信息，在留下信息前要非常慎重，要了解该企业、机构的背景和资质，并着重留意对方的信誉度，并考虑留下信息后可能发生的后果，进而判断是否有必要留下个人信息。

2．各类票据凭证要妥善保管

快递单、车票、登机牌、购物小票、办理手机卡的业务单、水电费账单……这些单据都包含大量个人信息，随意乱丢可能让它落入不法分子手中，导致个人信息泄露。因此，在日常生活中，要对个人信息有管理意识，对个人信息载体、可传播范围、是否敏感有清醒认识。对于快递单、银行小票等含有个人信息的载体，要养成保管到位、销毁及时的习惯。

3．网站活动少参加

网络上经常会碰到各种问卷调查、购物抽奖或申请免费试用等活动，这些活动一般都会要求网民填写详细联系方式和家庭住址等个人信息，然而很多小网站是不会为你保密的。因此，尽量不参加乱七八糟的活动，哪怕它要主动地送我们东西或者福利。另外，在参与此类活动前，要选择信誉可靠的网站，不要贸然填写个人资料从而导致信息泄露。

（二）网上冲浪要保持警惕

1．安装防病毒软件和防火墙软件

防病毒软件主要是用来检测和抵御可通过各种渠道进行传播、扩散的计算机病毒。防火墙软件主要是用来防御非法访问用户试图通过网络途径对计算机系统实施的入侵和攻击等破坏性行为。这两种软件的防护侧重点是不相同的，在直接连入国际互联网的计算机上应该同时安装这两种软件。计算机病毒是层出不穷的，网络入侵和攻击手段也是日新月异的。只有做到经常性地更新、升级防病毒软件和防火墙软件，做到计算机系统在每次启动时就运行这两种软件，做到用这两种软件定期对计算机系统进行全面扫描，才能防御最新出现的计算机病毒和攻击行为。还应为计算机设置开机密码，重要文件要加密，离开计算机时间较久应设置访问密码。手机、计算机等都需要安装安全软件，每天至少进行一次对木马程序的扫描，尤其在使用重要账号密码前。每周定期进行一次病毒查杀，并及时更新安全软件。

2．定期更新操作系统及常用软件的修补程序

来路不明的软件不要随便安装，在使用智能手机时，不要修改手机中的系统文件，也不要随便参加注册信息获赠品的网络活动。任何一种操作系统随着应用期和应用数量的增长，其在设计开发期的缺陷会不断地暴露出来，操作系统开发商会针对这些缺陷开发出相应的修补程序，此时应及时下载安装这些修补程序。如果计算机用户不能及时地针对涉及网络安全的缺陷安装修补程序，那么这些缺陷不但会一直存在，而且会成为非法用户、病毒攻击计算机系统的绝佳入口。

3．自我隐私要保护好

要具有保护自我隐私的意识，比如使用计算机进行网上视频聊天时，勿将摄像头对准卧室床铺等涉及个人隐私的方向。摄像头指示灯若在未操作时亮灯，要及时查看原因并全面杀毒，

紧急情况应断开网线实行物理隔绝。如陈某在一档电视相亲节目中看到了谢丽（化名），从网上查询到她的邮箱信息后，将木马病毒命名为"代言邀请"，伪装到代言合同文件中，并发送给谢丽，谢丽点击陈某发来的邮件致计算机中木马病毒。之后，陈某时常远程打开谢丽计算机的摄像头拍摄照片或录像，并以这些照片相要挟，向谢丽勒索钱财3万余元。事后谢丽报警，公安机关将陈某抓获归案。

另外，在网站或论坛等注册账户时，尽量不要使用真实姓名及其汉语拼音、电话号码、生日、门牌号码、QQ号码等信息，网络账户密码不要设置得过于简单，妥善保管自己的口令、账号密码，并不时修改。个人的账户密码信息不要轻易泄露给他人，尤其是陌生人。在微博、QQ空间等社交网络要尽可能避免透露或标注真实身份信息。在处理快递单、各种账单和交通票据时，最好先涂抹掉个人信息部分再丢弃，或者集中起来定时统一销毁。网购东西填写的地址可以考虑填写单位的地址，让快递员将商品送到单位，而不要送到住宅，特别是单身女性尤其要注意。

4. 养成良好的上网习惯

来路不明的软件我们不要随便装，下载免费软件时应该去官方网站。这样以免一些携带"木马"程序以及设有"后门"的盗版软件截获个人计算机中的信息。查看消息或者浏览视频时，一定要去正规的网站，有时安装了杀毒软件，也不能保证计算机不会感染病毒。尤其是购物的时候，会涉及网上支付，使用正规且有保障的网站，安全系数更高。不随意接收或打开陌生邮件，打开邮箱，看到陌生人发来的邮件千万不能轻易打开，尤其是看到中奖或者是奖品认领等带有诱惑性信息的内容时，更不能盲目点击。在上网评论朋友微博、日志、图片时，不要随意留下朋友的个人信息，更不要故意公布他人的个人信息。微博微信具有手机签到定位等功能，能显示机主所处位置，不少年轻人热衷于"晒"地点、"晒"自拍照，还有家长喜欢"晒"孩子照片等。这种手机签到可能被别有用心的人盯上。一方面暴露了个人隐私，比如姓名、工作单位、家庭住址等，另一方面可能给犯罪分子可乘之机，所以在网上使用手机签到时，需要谨慎。

5. 云存储要当心

勿把个人敏感照片、数据上传到云端。启用"两步验证"，在登录时提供密码并通过短信或邮箱接收验证码。及时检查云端备份的数据，而不是仅仅在设备上删除。

（三）Wi-Fi 使用有讲究

随着互联网的高速发展，我国公共场所免费 Wi-Fi 不断增多，Wi-Fi 的普遍性显示出了科技变革的重大力量，它正在日渐改变我们的生活。蹭网、转账、淘宝等，成为不少网民的习惯动作。但新的网络技术所带来的安全隐患也逐步凸显，由于免费 Wi-Fi 存在路由器和网络漏洞，包括黑客在内的任何一个人都可以侦听到该局域网内的数据通信，不仅成为黑客攻击的对象，也导致了一些安全问题的发生。如：用户个人隐私泄露、用户的社交软件被盗并被恶意利用、手机或计算机中的文件及照片等个人信息泄露、用户网银和支付宝等移动支付的资金被盗刷等。据某机构对全国 8 万个公共 Wi-Fi 热点进行的抽样调查，有 21% 的公共热点存在风险，其中绝大多数 Wi-Fi 热点加密方式如账号、密码、个人信息等均不安全。

北京周先生用手机通过公共 Wi-Fi 登录一家网上银行，一小时后他的银行资金被 17 次转账或取现，损失 3.4 万元；陈先生在南京一酒店住宿时，连接不设密码的 Wi-Fi 玩了一晚上手机游戏，天亮时发现游戏账号里的装备全部消失 …… 一段时期以来，全国各地连续发生网民财产损失案件，尽管当事人不同、上网地点不同，但其财产损失的原因相似，都是连接免费的 Wi-Fi。

1. 陌生的免费 Wi-Fi 别"蹭"

有的用户喜欢每到一个地方，先打开手机 Wi-Fi，搜索一下附近的网络信号，如果有免费的就会直接加入，使用该网络进行联网。如果黑客在该网络内开启监听模式，就能得到用户的上网信息。

公共场所的 Wi-Fi 按来源可分为两类，一种是商家提供的免费 Wi-Fi，另一种是场内其他人搭建的 Wi-Fi。商家的 Wi-Fi 一般是用普通的无线路由器实现小范围的网络覆盖的，所有的顾客甚至周边的非顾客人群都能接入该网络。如果商家使用 WPA 或 WPA2 协议进行认证，数据传输是加密的，这种网络就会相对比较安全。但若商家选择不设密码或者设密码但是采用 WEP 认证，则这种网络传输的数据基本是透明的，黑客可以进入无线路由器的管理后台，对域名系统进行修改。当用户输入某银行正确的网址时，服务器直接把 IP 跳到黑客设置的钓鱼网址，跳出的网页可能是个与之相似度很高的山寨钓鱼网站，通过钓鱼网站窃取用户数据。如图 6-1 所示。

图 6-1　真假建行手机网界面对比

在公共场所搭建一个免费的 Wi-Fi 也很容易，只需要一部带无线热点发射的笔记本电脑，或者是笔记本计算机和路由器，配合 3G/4G 上网卡就可以轻松实现。黑客可以通过搭建免费 Wi-Fi，将 SSID 标识伪装成知名餐厅、咖啡厅等类似的名称，并且不设密码来骗取用户连接。用户连上该 Wi-Fi 后，上网数据会被监听和分析，账号、密码若是明文传输则尽在黑客眼底。如前文所述，黑客还能通过 DNS 欺骗，让用户在访问网银、支付宝时，跳转到虚假的钓鱼网站，通过网络钓鱼窃取到用户的支付账号和密码。在当前的 Wi-Fi 环境下，黑客还可能利用手机系统漏洞、应用程序漏洞等直接获取用户的账号密码信息。

此外，有些商用 Wi-Fi 会在用户连接网络之前跳转到账号登录页，要求用户输入手机号码，并通过短信验证发送上网账号密码。这一过程虽然没有账号密码被盗的危险，但商家会记录用户的手机号码，可能导致二次广告推销行为，存在一定的信息泄露风险。

2．"蹭网"软件不要用

一些无线网络如个人的 Wi-Fi 是设置过密码的，目的就是为了防止别人随意"蹭网"。这时，为达到免费上网的目的，所谓的"蹭网软件"就应运而生了。如图 6-2 所示。

图 6-2　"蹭网软件"并不安全

"蹭网软件"的工作原理是自动扫描手机里曾使用过的 Wi-Fi 信息，并将这些 Wi-Fi 的账号及密码（包括自己家中的 Wi-Fi 账号和密码）上传到云服务器上。同时在云端检索是否有符合当前所处网络的账号及密码，如果有，就自动匹配使用

户能马上加入该网络的上网行列。也就是说，每个人在使用这
款软件的时候，都把它使用过并保存的所有 Wi-Fi 账号和密码
上传到云服务器端了。你在"蹭"别人网的同时，别人可能也
在偷偷地"蹭"你的网。"蹭网"的代价，就是泄露了你自己
家中 Wi-Fi 的账号密码。另外，黑客就会抓住这个机会将连在
网络内的所有手机、计算机等设备进行监控，获取到你的隐私。

3. 连接 Wi-Fi 前要仔细辨认

上文提到，在公共场所搭建一个免费 Wi-Fi 很容易，虽然
很多大型商场、购物超市、医院等公共场所都有免费的 Wi-Fi
信号可以使用，但如果黑客将自己搭建的 Wi-Fi 名称改为与公
共 Wi-Fi 同名，则用户连接前若不加仔细辨认，极有可能连上
钓鱼 Wi-Fi。

4. 家用 Wi-Fi 管理好

不要使用无线路由器默认的账号和密码，要及时修改，以
免被黑客篡改路由器参数达到攻击的目的。在设置无线路由器
的加密方式时，不要使用 WEP 加密方式，这种静态加密的方
式很容易被破解，要使用 WPA/WPA2 的加密方式，Wi-Fi 的
接入密码应尽量设置得复杂些，建议 16 位以上而且要同时包
含大小写字母、数字与符号。

5. 不使用时及时关闭 Wi-Fi 功能

除了主动连接公共 Wi-Fi"蹭网"时存在风险，还有一种"被
动连网"受到攻击的情况。意思就是，只要你连过公共 Wi-Fi 后，
就可以被攻击。因为手机在 Wi-Fi 开启的情况下，"自动连接"
设置项打开的话，会自动扫描并连接以前连接过的所有 Wi-

Fi。黑客只需在公共场所搭建一个免费的 Wi-Fi，并将其 SSID 标识设为 CMCC、China Unicom 等一些常用的公共免费 Wi-Fi 名称，用户手机以前连接过的话，在这样的 Wi-Fi 环境下，手机就会自动连接使用户落入陷阱。所以，当你接入一个叫"KFC"的 Wi-Fi 热点时，你无法判断这是肯德基提供的，还是"肯德机"提供的。自动连上后，就面临着很多危险因素。因此，外出前，最好检查一下手机设置，将 Wi-Fi 及时关闭，不仅能避免误连上文中的"肯德机"，消除安全隐患，还能节省手机"不间断扫描可用 Wi-Fi"的耗电量。

（四）智能手机要合理使用

随着智能手机用户的爆棚式增长，智能手机泄密的安全威胁越来越严重。如何合理使用智能手机，是我们每个人应该重视的问题。手机泄露的信息主要有以下几条途径：手机被盗或丢失；手机中了木马；使用了黑客的钓鱼 Wi-Fi，或者是自家 Wi-Fi 被"蹭网"；手机云服务账号被盗（弱密码或撞库或服务商漏洞等各种方式）；拥有隐私权限的 APP 厂商服务器被黑客拖库；通过伪基站短信等途径访问了钓鱼网站，导致重要的账号密码泄露；使用了恶意充电宝等黑客攻击设备；GSM 制式网络被黑客监听短信。

1. 手机"上锁"很重要

为手机设置密码，充分利用手机自带的图案解锁、指纹解锁功能，防止别人解锁屏幕偷看个人隐私。许多用户还将自己的银行账户、身份证信息等重要信息与手机绑定在一起，一旦出现安全问题，就会导致个人信息泄露、银行资金被盗。例如，一小伙朱某捡到一部苹果手机，因为机主没有设置密码，所以朱某轻松地进入了微信钱包，同时发现机主微信绑定的银行卡里竟然有50多万元，而手机相册里正好有机主银行卡和身份证照片。小伙通过这些信息，前后转账近1万元。

2．对待手机信息要谨慎

打开短信、微信等信息时应多加注意，不要轻易打开信息中的网络链接或".app"".apk"文件。对含有个人银行卡信息的短信在阅读后也应该及时删除，防止被黑客重放攻击。如今在微信上测性格、测运势等的链接泛滥。这些链接通常会要求你提供姓名、年龄等基本信息，后台还会直接获取你的手机号码。对其梳理，有可能拼凑出完整个人信息。为了一个压根不靠谱的测试结果，提供这么多重要信息，实在得不偿失。

3．手机应用要选好

据国外媒体报道，国内某知名浏览器会泄露用户的敏感的数据，第三方很容易就可以通过该浏览器获得用户的位置、搜索细节和移动设备的数字身份信息。加拿大一名技术人员表示，"该浏览器信息的传输会产生用户隐私泄露的风险，因为它允许任何人通过访问数据流量来识别用户和他们的设备，并收集他们的私人搜索数据。"一名黑客表示，使用Windows系统计算机、无线热点和Wireshark软件便能窃取该浏览器用户个人信息和密码，据他称，即便是初级黑客，按照相应教程，仅需2个小时便能轻松窃取用户使用该浏览器时输入的信息及密码。事后，该浏览器公司也对相关问题进行了修复。

因此，下载手机应用时，应登录官方平台下载，避免到不正规的网站或论坛下载。不要使用来路不明的软件，不要浏览不良网页。不要扫描来历不明的二维码，慎重对待"破解版"应用软件，安装时注意观察"应用权限"与产品功能是否直接相关。

4. 手机权限要严控

央视曾经报道，只要在苹果手机上使用软件，当时的时间、地点都会被记录下来。根据手机定位服务显示信息可完整分析个人行踪，用户动态会完全公开。以一部iPhone5s手机（iOS7.1.1系统）为例，依次打开"设置—隐私—定位服务"，在这一页面下方，"常去地点"功能默认为打开状态。进入"常去地点"页面后，可以见到一串历史记录，上面详细记载了用户在什么时间去过哪些地方，以及在该地点停留了多长时间。如图6-3所示。

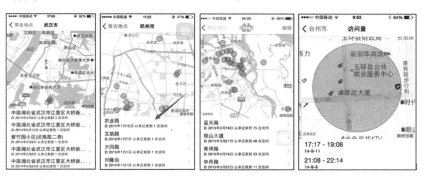

图 6-3　苹果手机"常去地点"功能

而根据用户去过的地点、停留时间等，该功能还会自动分析，将这些地点归类为家庭、单位等。这些定位信息完全与软件的使用同步，相对于手机基站、Wi-Fi定位，该种定位方式精准度更高。哪怕关闭位置定位，手机依然还会通过运营商移动网络连接、Wi-Fi 连接和应用连接，随时记录用户信息。数据表明，92.5% 的智能手机用户会将隐私存放在自己的手机中。而 11.2% 的手机软件会越界读取用户位置信息，9.4% 的手机软件会越界读取通话记录。尤其是 Android 系统，国内市场近六成 Android 应用程序涉及隐私问题，约有 1/4 的安卓用户隐私遭到泄露威胁。有专家指出，造成 Android 平台泄露个人信息的关键原因在于 Android 是开源的，软件用户有接触和使用源代码的权利，可自行对软件进行修改、复制及传播。此外，Android 软件上线审核和监管不严，开发者可滥用权限，在软件中加入与软件本身无关的获取用户信息功能，造成信息泄露到互联网上。

因此，安装软件时，一定要详细查看软件索取的权限列表，出现敏感权限时要特别警惕。如果软件要求提供与服务无关的通讯录、短信等，或者安装一个阅读器程序却要求摄像头的访问权限，就要警惕是否有陷阱。对于平常不用或很少使用的功能，如蓝牙、红外、手机定位、高清摄像等，应予以关闭或停止使用，避免手机被远程攻击或被病毒搜索到，需要使用这些功能时再打开。

5．使用不同的手机来加强安全

可以使用不同的手机，分别作为工作及个人通信、上网娱乐之用，从物理上分开，尽量将通讯录、短信等资料存在 SIM 卡中，把照片、图片等文件存到手机以外的外接存储器上，减少信息泄露的风险。如图 6-4 所示。

我有两个手机，工作生活分开使用。

图 6-4　同时使用多个手机

6. 朋友圈权限要设好

如今"晒"甜蜜、"晒"假期等各种"晒"已成为当下最流行的事，但频繁地分享照片和地点很有可能招致怀有恶意的人窥探。有些家长在朋友圈晒的孩子照片包含孩子姓名、就读学校、所住小区，晒火车票、登机牌，却忘了将姓名、身份证号、二维码等进行模糊处理，如果被不法分子获取，都会对当事人造成危害。因此，微信朋友圈的内容不要"晒"太多，最好调整隐私设置，仅对可信赖的朋友开放浏览权限，和密友分享美好时刻。最好不要晒包含个人信息的照片，晒火车票、登机牌等照片时要将个人信息部分模糊处理。同时，要避免在短信、微信、QQ、电子邮件中泄露个人重要信息，尽量不在手机中存储涉密信息。现在很多人都喜欢发微信和微博，而且总喜欢发自己的照片和住所，或者晒自己的东西，其实这个真的很危险，如果有可能，要尽可能地隐藏自己的个人信息，别什么都晒，什么贵重物品也不要都拿来显摆。什么朋友间的昵称，朋友的称呼，或者朋友对自己的称呼和小名，或者自己家人的合影，都要隐藏起来，或者设置权限，当然最好不要放上去，对网络达人来说，你的权限根本不是问题。

7. 手机银行安全用

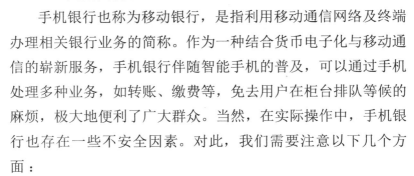

手机银行也称为移动银行，是指利用移动通信网络及终端办理相关银行业务的简称。作为一种结合货币电子化与移动通信的崭新服务，手机银行伴随智能手机的普及，可以通过手机处理多种业务，如转账、缴费等，免去用户在柜台排队等候的麻烦，极大地便利了广大群众。当然，在实际操作中，手机银行也存在一些不安全因素。对此，我们需要注意以下几个方面：

（1）在开通手机银行时，一定要使用银行官方发布的手机银行客户端，到正规的应用程序商店下载，一般手机自带的应用程序商店都会有技术人员对程序进行检测，基本都没什么问题，如华为应用市场、小米应用商店、苹果 App Store 等。而不要到一些不知名的网站里下载，这样很容易感染病毒或木马。同时确认签约绑定的是自己的手机。

（2）设立合适的转账额度。如果平时只是小额支付或充话费，可以把金额设定小一些。如果需要大额转账，可以用网银临时调高额度，转账完之后再调回。

（3）注意密码保护，最好为支付账户设置单独、高安全级别的密码，要注意密码应与邮箱、微博等的密码有所区别。

（4）不要在公共场所使用免费 Wi-Fi 登录手机银行，不要打开来历不明的短信或彩信，下载安装软件时要谨防木马，保护手机安全。

（5）发现手机无故停机或无法使用的情况（与之相关的手机银行诈骗案例，详见本书"第四章　电信诈骗事件的防范与应对"内容），应及时向运营商查询原因；更换手机号之后也要及时将旧手机号与网银等解除绑定。

（6）如果手机丢失，要及时冻结手机银行相关功能，避免损失。

（7）开通短信通知业务，账户资金一旦有变动，方便得到及时通知。

四、个人信息安全事件的应对措施

个人信息的泄露通常会带来日常生活被骚扰、个人隐私被曝光等不良后果，严重的情况下会导致财产被窃，或个人形象及声誉受到侵害。对于保密工作者和涉密人员而言，由于工作性质和身份的特殊性，个人信息泄露的后果就更加严重。如果遇到个人信息泄露或是手机丢失，应采取以下应对措施：

（一）账号被盗请立刻更换账号与密码

个人信息泄露后，要第一时间换账号，涉及资金必要时向相关企业、机构申请冻结账号（银行卡、支付宝等）。由于现在网络十分发达，信息泄露之后如果不换账号，那么在这个账号下登录的各种信息就会源源不断地流出。因此，一旦发现了泄露的源头，就要立刻终止使用这个账号，从源头切断泄露源。

张先生"双十一"在网上购买了商品，并使用支付宝支付，11 月 14 日使用支付宝充话费时，发现支付宝提示"创建订单次数超限"，查看账单后发现共有 33 笔莫名的待付款订单，商品从服装类到保健品和网络学习课程，金额从 10 元到 1 780 元不等，累计订单总付款金额为 10 050.6 元。这些订单都是被同一个人拍下，显示的收货地址是重庆市，在买家留言内自称是浙江的网络公司，还标注了联系 QQ 号码。由于当时支付宝账户余额不足，所以只是待付款订单。事后张先生才发现，原来是自己的淘宝账户密码被盗了。这种情况首先要立即修改密码，增加密码长度，加些特殊字符，如"￥%&#"之类的，最好是在计算机上安装数字证书。其次，尽量不要在公共 Wi-Fi 的环境下进行网上支付操作，可以关闭 Wi-Fi，使用手机的数据流量，避免信息泄露。最后，还要根据不同类别的网站分配不同的密码，以防"一处泄露多处遭殃"的情况发生。如果账户被盗后有经济损失，应尽快联系支付宝客服处理问题。另外，网银、网购的支付密码等比较重要的密码隔一段时间最好更换一下。

（二）手机丢失后八件事降低损失

1. 致电运营商挂失手机号

联系运营商冻结我们的手机号码，通过拨打运营商服务电话，采用人工服务即可。其中，中国电信为 10000、中国移动为 10086、中国联通为 10010。当然，这需要我们提供服务密码，如果忘记了也没有关系，可以向客服人员提供身份证号码和姓名，手机 SIM 卡会暂停服务 24 个小时。

2. 致电银行冻结手机网银

如果手机绑定了网上银行，手机丢失后为防止别人利用手机窃取银行信息，应该联系银行冻结我们的手机网银等业务。其中工商银行为 95588、农业银行为 95599、中国银行为 95566、建设银行为 95533、交通银行为 95559。其他银行也可以从网上找到联系方式。

3. 致电 95188 挂失手机支付宝

因为支付宝在进行一些小额支付时不需要密码，而且支付密码位数较少，容易破解，如果手机绑定了支付宝，需要取消手机绑定支付宝业务。可以通过拨打 95188 来操作，也可以通过网页登录支付宝账户解除手机号与支付宝的绑定。

4. 冻结微信账号

通常情况下，我们的微信是和手机号是绑定的，一个微信号对应于一个手机号。为了防止别人利用微信登录，发一些诈骗信息，我们可以通过登录网址 110.qq.com 解除微信账号绑定。

5. 修改微博、微信、QQ 等密码

对于一些社交通信工具，我们应该尽快修改其登录密码，尤其是一些可以在手机上自动登录的账号，如微博、微信、QQ、邮箱等，防止坏人利用通信工具进行诈骗活动。

6. 到手机运营商处补手机卡

进行以上操作后，我们还应尽快前往运营商网点补办手机卡，及时将原来手机卡作废。如果卡是实名制，需要带上自己的身份证；如果未实名制，需要提供 5 天前 3 个月以内的 3 个通话记录号码即可。

7. 在 QQ 和微信朋友圈发布手机丢失的消息

通过计算机或亲友同事的手机，登录自己的 QQ 及微信账户，发布自己手机丢失的消息，并提醒若遇到以自己名义的汇款等要求，坚决勿信！

8. 用好"手机找回"功能

目前多数品牌手机都具有"手机找回"功能，如对手机进行定位、使手机发出警报音、发送信息、锁定手机屏幕、远程清除手机数据等，如果手机丢失后，便可以使用网页登录自己的账号，使用这些功能来协助找回手机。另外，像"魅族""vivo"等智能手机，还可以通过远程拍照功能，在对方输错密码的情况下，通过手机摄像头悄悄拍下对方的照片，并发送到云端控制中心，作为报警时的证据用。当然，也希望读者永远都用不到这些功能。

（三）及时报案或向法院起诉

个人信息一旦泄露，应该报警。报案的目的一来是保护自己的权益，二来也是可以备案。一旦有更多的人遇到和你类似的情况，就可以一起处理。这样不仅可以维护自己的隐私权，还可以避免更多的经济损失。但如今一旦公民个人信息泄露，个人维权依然较为困难，主要原因是取证困难，因此，现今虽然个人信息泄露的事件很多，但受到处罚的责任方可谓"九牛一毛"。所以我们应该尽量保留一切原始证据和资料，交由公安部门利用法律手段进行处理。

如果个人重要的信息丢失，而且知道怎么丢失的或者是有很多线索，那么就可以向专业律师咨询相关法律法规。做好后续信息变更、宣布作废等工作，防止造成更大损失。如果律师给予肯定的答复，就可以利用法律的武器维护自己的权益。

（四）收集证据

在信息泄露之后，很容易收到各种邮件，接到天南海北的电话。这时候要留心，记下对方的电话或者邮箱地址等有用的信息。可能这些信息很琐碎，但是一旦收集好这些信息，不仅能帮助自己维权，而且还可能帮助更多的人。如图6-5所示。

图6-5　收集证据

（五）提醒身边的亲朋好友防止被骗

个人信息泄露后，不法分子不仅可以用这些信息盗用你的账号，甚至还可能骗你身边的亲朋好友。所以一旦你的信息泄露，或者联系工具账号丢失，一定要第一时间通知你的亲朋好友，要他们倍加防范，以免上当受骗。

（六）无关重要的信息无须理睬

现在信息泄露十分严重，防不胜防，如果事事都要追究，可能不会有那么多的精力和时间。因此对于无关紧要的、不涉及自身利益的信息，可以选择不予理睬。

延伸阅读——一张照片泄露国家机密

对于军人或者国家重要部门公务人员来说，一旦个人信息被别有用心的情报机构获得，有可能从这些看似保密程度不高的信息中提取出重要的情报。据有关情报专家说"一张士兵的工作照片，有可能从中看出一些绝密设备或军事设施的内部情况"。

1964年我国《中国画报》封面刊出了一张"铁人"王进喜的照片，如图6-4所示。

图 6-4 "铁人"王进喜的照片

日本情报专家就据此解开了大庆油田的秘密。他们根据照片上王进喜的衣着判断，只有在北纬 46°～ 48° 的区域内，冬季才有可能穿这样的衣服，因此推断大庆油田位于齐齐哈尔与哈尔滨之间；并通过照片中王进喜所握手柄的架式，推断出油井的直径；从王进喜所站的钻井与背后油田间的距离和井架密度，推断出油田的大致储量和产量。有了如此多的准确情报，日本人迅速设计出适合大庆油田开采使用的石油设备。当我国政府向世界各国征求开采大庆油田的设计方案时，日本人一举中标。庆幸的是，日本当时只是出于经济动机，而不是用于军事战略意图。

第七章

智能手机安全事件的
防范与应对

智能手机是无线通信和计算机网络技术的融合体，具备高速联网、视频传输、导航定位等功能，相当于一台能够通话、随时上网的移动式计算机终端。当前，全球智能手机市场正在以惊人的速度发展，某国际市场调研机构公布的数据显示，截至 2016 年全球使用智能手机的人数已超过 20 亿人，占世界人口 1/4 以上，发展中国家的使用率快速提升是主要原因。到 2018 年，智能手机使用人数有望进一步提高到超过 25.6 亿人，约占世界人口的 1/3。随着移动互联网行业的崛起，智能手机在生活中扮演的角色也越来越多样化，手机从打电话、发短信的通信工具发展成为提供多媒体和网络互动娱乐的载体设备。据统计，未来 3 年中国智能手机销量，将从现在的 4 700 万部增长到 8 000 万部。伴随着 3G、4G 及 Wi-Fi 技术的成熟普及，智能手机与移动互联网完成了无缝对接。

　　然而，智能手机在移动互联网的发展中像一把双刃剑，既扮演了推进移动互联网与人类生活发展趋势的载体角色，同时也给移动互联网中的信息安全问题带来了新的挑战和威胁。与传统信息安全问题相比，由于借助移动互联网的相关特性，智能手机的安全问题明显具有传播速度更快、危害范围更广、主动防御更加困难等特点。由于人们普遍使用智能手机的上网、通信、支付等多项功能，智能手机可以说是移动安全威胁的主要载体媒介，近年来由智能手机安全问题引发的用户信息大面积泄露，移动端病毒木马猖獗导致的用户财务受损、厂商信誉度受损等危害正逐步蔓延。更麻烦的是，即使针对相应类型的移动安全问题，厂商进行了相应的修补或者系统更新，但绝大多数智能手机的使用者由于自身移动安全意识薄弱以及刷机等技术限制，仍使用较为不安全的系统版本或应用，这样便给了攻击者可乘之机。专家分析，系统风险、应用软件隐患、资费陷阱等威胁，已成为手机安全"重灾区"，亟待加强风险防范、提升安全应对。

一、智能手机安全事件案例回放

用一条短信或一张图片就能控制你的手机，通讯录、照片、短信、邮件甚至支付账号和密码全部落入他人手中？是的，这不是科幻电影中才会出现的情节，利用手机漏洞，黑客们就能实现这些，而一旦影响范围巨大的漏洞被恶意利用，手机用户的财产甚至人身安全都面临威胁。

案例一：2016年4月，某网友称，他莫名其妙地收到一条"订阅增值业务"的短信，根据提示回复了"取消＋验证码"之后，噩梦就此开启，手机号码失效，半天之内支付宝、银行卡上的资金被席卷一空，如图7-1所示。这起案件的关键点在于不法分子利用"USIM卡验证码"，完成了对受害者手机卡的复制。"一条短信偷光银行卡"也成为2016年第二季度最恐怖的手机诈骗案例之一。

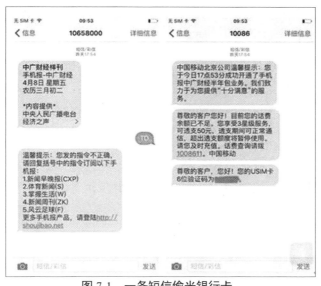
图 7-1　一条短信偷光银行卡

　　案例二：广州某大学学生张某平时喜欢通过手机银行管理自己的个人资产，不久前，他通过互联网搜索下载了一款某银行手机网银支付客户端，但在登录使用几天后发现再也无法登录，一再提示密码错误。在懂技术的同学的提示下，张某赶紧到银行进行柜台查询，发现密码已被更改。张某称，幸亏那个账号平时只是用来在网上购买一些小额的东西，钱不多。安全厂商分析，张某的智能手机是感染了手机操作平台下知名的"终极密盗"手机病毒，其典型特征为，侵入手机后会自动在后台监测用户的输入信息，捕获到用户的银行密码后通过短信发给黑客，对方一旦远程修改密码，则可进行转账操作。

　　案例三：2016 年 5 月，刘先生向警方报警称，自己收到了一个购物链接，恰好是自己心仪已久的商品，而且价格便宜，于是就点击链接进入购买。完成付款之后，却迟迟收不到货，再登录那个链接，却发现早已打不开网页，于是赶紧向警方报警。手机收到了一条短信，在短信的后面还附带着链接，相信不少市民都收到过这样的短信。而短信的内容要么是车辆违章，要么是一些带有诱惑性的文字。殊不知，这些短信都是骗子通过伪基站进行发送的，而短信的内容都是伪造的，链接也是专门制造出来的钓鱼网站，只要用户点击，就很容易上当受骗。

案例四：2016 年 4 月初，市民小张报警称和自己手机绑定的银行账户被盗，莫名其妙地被人盗刷了 3 000 元。警方调查后发现，因为经常连接一些开放的免费网络，小张的手机里不知道在哪里上网的时候被骗子植入了病毒，这才导致了他手机绑定的银行账户被窃。除了蹭网，还有一些人喜欢扫二维码拿一些小礼品。另一位市民的遭遇也和小张类似，在逛街的时候，无意间扫了贴在墙上的一款产品的二维码，没料到下载软件之后，手机也中毒了，银行卡被盗刷了 1 700 元。

二、智能手机安全事件的原因

智能手机安全问题主要是由于系统通用漏洞、恶意应用软件、无线安全攻击等多个方面。

（一）手机操作系统存在漏洞

手机操作系统通用漏洞是由于操作系统本身的设计不够完善，而造成潜在的一系列安全隐患问题。这些问题一旦被攻击者发现并利用，将造成大批量的用户和厂商遭受损失，原因主要有两个方面。一方面存在问题的操作系统使用人数众多，用户面广，如 Windows、Linux/Unix、Android、iOS 等，每种操作系统都有其固定用户，一旦系统本身存在漏洞并被恶意利用，攻击者就如同拿到万能钥匙般通杀几乎所有同类型版本的操作系统，造成大量用户被攻击；另一方面，由于操作系统实际上是特殊的系统软件，并且用户应用及部分系统应用都是安装在操作系统之上，因此一旦系统本身存在通用漏洞，便成为能获取高权限的高危漏洞。如今，安卓手机（Android 系统）和苹果手机（iOS 系统）走在了智能手机系统的技术前列，相比之下两种智能手机都存在相应的安全问题，但由于系统特性不同，其出现安全问题的原因也不相同。

　　首先来看安卓系统，它是 Google 公司推出的一种基于 Linux 的自由及开放源代码的操作系统（主要用于移动设备），与 iOS 系统不同的是，安卓系统的推出以其开源性著称。开源的特性帮助其在推出后受到了大量安卓开发人员的共同开发与完善，与 Google 公司预期的一样，安卓系统在后续的版本更新过程中完美适应了移动互联网的飞速发展要求，并似乎正朝着一个良好又有利的方向发展。然而，安卓系统及相关智能设备在大量占领市场份额的时候，产生的移动安全问题也随之浮出水面，并且隐隐有随着安卓占有率上升而扩大化的趋势。造成这一问题的原因之一，恰恰就是赋予安卓系统生命力的开源特性。攻击者可以对不同版本的安卓系统源码（包括内核源码）进行深入研究，一旦发现高危的通用提权漏洞或其他的系统漏洞，便可以设计构造相关攻击手段对市场上搭载含有该漏洞的安卓版本智能设备进行攻击，使得由安卓系统带来的移动安全问题愈发难以控制。如 2016 年 8 月，某手机软件开发团队在一款手机浏览器引擎中发现了 BadKernel 漏洞，这是一个影响数亿用户的重大漏洞。通过此漏洞攻击者可获取微信的完全控制权，危及上亿微信用户朋友圈、好友信息、聊天记录甚至是微信钱包安全！由于安卓系统的开源特点，以及安卓源码公开、安卓应用市场渠道监管不够、系统更新速度快等因素，使得安卓智能手机遭受来自系统级、应用级等多方位的攻击威胁。

再来看看 iOS 系统。苹果公司推出的 iOS 系统是闭源的，并且提供相应的 App Store（苹果应用商店）作为应用下载渠道，对于未"越狱"的苹果手机，用户遭受来自应用的安全威胁与安卓手机相比要少得多，然而作为闭源系统的 iOS 智能手机同样面临着来自系统级的安全威胁，并且大量用户往往是在受到针对系统某些漏洞的攻击之后，该漏洞信息才被曝光，随后升级系统进行修复。从某种意义上来说，闭源的 iOS 系统没有杜绝和预防苹果智能手机遭受的系统安全问题，而是以通过升级系统的方式来应对。苹果公司在 2016 年 8 月 5 日更新了 iOS 9.3.4 的升级，在苹果公司的升级声明中注明"重要的安全性更新"，而这距离 7 月 18 日的 iOS 9.3.3 升级刚刚过去不过半个月，在 iOS 9.3.3 升级中苹果公司修补了 43 个漏洞，同日升级的 OS X El Capitan v10.11.6 则修补了 60 个漏洞。9 月 iPhone 7 上市时 iOS 10 正式版也会随之发布，在距离 iOS 10 发布后仅仅一个月的时候发布新的紧急更新，可见苹果公司对于维系系统安全性的急切。

　　随着人们在智能手机中存入的私人数据越来越多，由于手机操作系统存在漏洞而导致的个人隐私泄露安全事件也日益频发。因此，安卓、iOS 等主流操作系统几乎不到一年时间就会推出一个大版本的升级计划，手机 APP 若无法及时修改更新，出现安全漏洞将会给用户的信息安全造成损失。

（二）应用软件存在漏洞

　　智能手机受到的安全威胁，除了来自系统通用漏洞以外，大部分是由于手机中的应用软件存在安全漏洞，或者其本来就属于恶意应用程序。这类应用软件不同于传统 PC 端的恶意应用病毒木马，除了破坏性、控制性等特点外，还有着隐蔽性、目的性等新型特点。由于传统 PC 上的杀毒技术较为成熟，恶意应用需要通过强大的免杀技术才能逃过杀毒软件的查杀；而人们对于手机端的安全意识还没有那么强烈，这就给了攻击者可乘之机。如果此时相关设备厂商在这方面的防护做得不够的话，那么手机用户在心理不设防的情况下遭受攻击的可能性就大大提升。某手机安全机构通过对上百万手机应用软件进行安全分析，并参考行业各类资源后，发布了包含恶意扣费、山寨应用、静默下载、隐私窃取等 10 类移动恶意行为，包含这些恶意行为的恶意应用在使用过程中给用户造成了不可估量的损害，从这一角度上来说，恶意应用对智能手机安全的威胁不容小觑。某手机测试机构选取市场上有一定影响力的手机软件

APP，运用网上已有的各类软件进行测试，结果发现至少 10%
的手机软件 APP 存在不同程度的安全问题。尽管他们已将测
出来的安全漏洞一一告知相关公司并进行"堵漏"，但在互联
网时代，有层出不穷的手机软件，就会有层出不穷攻击这些软
件的软件。这些手机 APP 的安全漏洞会给人们带来最常见的
三方面危害：造成使用移动支付的损失；造成信息资料、个
人隐私的外泄；导致软件崩溃影响正常使用。手机软件的安
全隐患，一方面有系统原因，如安卓系统的源代码是公开的；
另一方面是开发者的原因，如部分代码编写不规范等，让不
法分子有可乘之机。此外，安卓系统的应用商店数以百计，
这些应用商店对上架 APP 的审核标准不一，导致手机软件质
量良莠不齐。

　　对于 iOS 系统来说，苹果公司对系统和应用的安全管控都
十分严格，一方面通过对"越狱"用户的抵制措施，另一方面
在 App Store 上加大应用的监管力度，在应用上线前经过严密
的审核与检查，虽然使应用上线周期变长了，却在一定程度上
杜绝了恶意应用的肆虐。而开源的安卓系统的安全性相对来说
就差了许多，在很长一段时间里，安卓应用市场对应用软件的
安全性审核一直都做得不够，特别是大量的第三方应用软件市
场，渠道来源难以保证，很多用户在论坛或者一些应用软件市
场中下载后，就给恶意应用进入用户手机提供了机会。

　　目前还有一种特殊的恶意软件"Rootkit"，它一般与木马、
后门等其他恶意程序结合使用，其功能是在安装目标上隐藏自

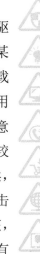

身及指定的文件、进程和网络链接等信息，通过加载特殊的驱动，修改系统内核，进而达到隐藏信息的目的。攻击者通过某种机型的内核（公开内核）进行修改，使其在一定条件下加载可执行模块，如可以在内核中劫持相应的系统调用，使得使用该内核的用户在接到某个攻击号码的来电时，触发相应的恶意行为。由于 Rootkit 攻击者本身所处的攻击位置较深，权限较高，因此一旦攻击成功，便可以对目标手机做很多事情。当然，Rootkit 攻击能产生效果的条件比较高，即要求用户刷入攻击者定制的内核，且一般的安卓用户既不会也没有必要重刷内核，导致攻击者很难实现自己的攻击目的，这样一来其传播性和有效性便大打折扣。

（三）不安全的手机上网习惯

智能手机的功能越来越强大，足不出户我们就可以通过智能手机付款、打车、订票、查路线、交朋友……但同时，如果我们的上网习惯不规范、不正确，则很可能会遇到一些个人财产损失、隐私泄露等安全事件。

1. 手机不设置密码

据统计，有 62% 的手机用户没有为手机设置密码的习惯。事实上，这会增加用户身份被盗的风险。如果手机没有解锁密码，遗失后手机里所有的资料软件等将暴露，这样一来，不但机主的隐私保护不了，和手机绑定的一些财产安全也受到影响，所以手机设置锁屏密码非常重要。如图 7-2 所示。

图 7-2 　手机设置密码

2．银行和理财产品设置自动登录功能

为图方便，很多手机用户会将一些 APP 设置为自动登录，且在使用手机软件后，并未将软件完全退出，一旦手机到了别有用心的人手上，那么这些没有完全退出的软件无异于就是给对方提供了方便。

3．点击邮件中的不明链接

根据调查，有 4% 的用户身份被盗源自"手贱"。每天约有 1.56 亿封欺诈邮件发出，收到带有一些诱惑性标题的邮件后，很多手机用户第一反应就是点击链接以查看里面的内容，这样一来，便落入不法分子的陷阱。

4. 随时随地分享照片

一些手机用户，看到一些优美的风景，或是突然来了兴致，会随时随地地在朋友圈等手机平台分享自己或他人的照片，如果分享时未及时关闭"地理位置"功能，许多犯罪分子就会通过一些渠道，获取这些照片信息，加以针对性分析，便可能对手机用户进行诈骗。

5. 连接到不安全的 Wi-Fi 网络

据调查，有 25% 的用户会连接到不安全的 Wi-Fi 网络。前文已经说过，这些免费的无线网络，可能是黑客专门搭建好，等候猎物入套的陷阱。连上这些网络后，不但自己的隐私会被泄露，通信内容也极易被监听和篡改，还可能导致自己的手机被黑客控制，自己却一无所知。

三、智能手机安全事件的防范

智能手机作为必不可少的交流工具，已经密切地融入我们的日常生活当中，正是这样的需求使得一些不法分子有机可乘，智能手机安全事件愈演愈烈。对此，我们应从以下几方面进行防范：

（一）不要随意对手机 ROOT 和"越狱"

手机不要随意 ROOT 和"越狱"，尤其是苹果手机不要随意"越狱"。苹果手机拥有两个优势，第一是系统完全封闭，不允许任何软件调用系统和用户个人信息；第二是苹果公司有完整并且唯一的软件审核体系和下载渠道，不允许任何软件出现非合理权限。但是一旦用户将苹果手机"越狱"，苹果手机的安全性也就不保了，包括为苹果手机安装第三方输入法而"越狱"的行为。对于未"越狱"的苹果手机，用户遭受来自应用的安全威胁与安卓相比要少得多。同时，不要将安卓手机人为破解 ROOT 获取最高权限，尽量不刷机安装第三方操作系统。

（二）为手机设置安全密码

2016 年 3 月，南京秦淮警方接到一起报警，因为手机解锁没有密码，手机绑定的银行卡里的钱就被人转走了。秦淮警方经过调查后发现，报警人的钱竟然是被自己的闺蜜偷了。警方破案后，犯罪嫌疑人交代，她到报警人家中做客，无意间看到手机放在桌上。因为手机没有解锁密码，她就打开了闺蜜的微信，然后通过微信给自己进行了转账，一共 2 次共 1 200 元，而支付密码竟然被她猜对了，就是报警人的生日。

据调查，22% 的智能手机用户安装了可查找手机的软件，36% 的用户设置了 4 位锁屏密码，但也有 34% 的智能机用户并未采取任何安全措施。为了给自己的智能手机上把锁，一定要给手机设置数字密码、图案密码或指纹解锁。现在大多数智能手机都有指纹解锁功能，相对来说，这种保密方式安全性更高一些。不过有些用户会嫌麻烦并未设置指纹解锁，这点是很不安全的，一旦手机落入不法分子手里，不法分子便能轻松掌握手机里的所有资料。

（三）禁止 Wi-Fi、蓝牙等自动连接功能

无线上网是很多人的基本需求，到哪里都会先问 Wi-Fi 密码，甚至随意连接无密码的无线账号。有试验显示，连入未知无线网后，黑客 5 分钟内就可以攻陷手机所有功能并获取隐私。不要连接未知的开放 Wi-Fi，在连接公共 Wi-Fi 时不要进行网银类相关操作，如果一定要操作，请使用自己的移动数据网络。"天下没有免费的午餐"，一个未知的开放 Wi-Fi 有可能就是不法分子调取你手机里面个人信息的工具，不要贪图一点小利而造成个人财产损失。一般来讲，免费、不安全的无线网络会让你容易受到其他人的追踪，让人查看你在网上的一举一动。更糟糕的是，开放的无线网络会导致你的个人信息被人窃取。咖啡馆或机场中的免费无线网络一般都是安全的，但是要切记，在使用它们的时候，你不要访问任何的敏感信息，例如银行网站。在使用公共 Wi-Fi、免费 Wi-Fi 的时候，需要时刻注意保护自己的隐私。一般钓鱼 Wi-Fi 会把 Wi-Fi 名字起为"CMCC""KFC"等众所周知的热点名称，遇到没有密码的 Wi-Fi 也要慎重，正规运营商或政府提供的 Wi-Fi 一般都需要手机验证等方式登录后才能使用，如果遇到没有密码、热点名称众所周知、连接即可上网这样的 Wi-Fi，需要提高警惕，多加注意。

蓝牙作为一种短距离的数据交换技术，为生活提供了诸多便利。蓝牙一方面可以建立与辅助设备的通信，如蓝牙耳机、蓝牙键盘等，另一方面还可以作为与对等设备数据交换的手段，如蓝牙传输数据。最早的蓝牙攻击出现在 2005 年，一种称为

Lasco.A 针对塞班系统的病毒开始出现，这种病毒通过蓝牙进行传播，它会不断尝试与可见蓝牙设备进行连接，一旦用户接收来自受害设备端通过蓝牙发送的文件，病毒就会自动下载并安装，此时病毒通过蓝牙复制到其他设备上。当然，蓝牙的攻击并不像 Wi-Fi 攻击那么容易，要攻击一个蓝牙设备，首先要强迫两个已配对的蓝牙装置中断连接，然后窃取重新连接所发送的 PIN 码封包、解开封包，伪装成蓝牙设备进行配对连接。由于蓝牙是一种近距离的通信协议，攻击与被攻击设备还要保持在近距离内（9 米左右），这些都增加了蓝牙攻击的难度。但一旦攻击者成功与被攻击设备建立连接，就可以利用蓝牙设备提供的服务来拦截蓝牙发送的数据、窃取设备上的隐私数据等。我们可以将蓝牙设为隐藏模式、不随意与其他设备配对、不随意接收来自蓝牙的文件，这些措施可以有效防范蓝牙攻击，保护好自己的隐私。当然，最好能在不用的时候把这些功能都关掉。

（四）七步选好手机 APP

1．选择正规渠道下载

下载手机 APP 要去安全、经过病毒扫描的第三方有认证标识的应用商店下，而网页版最好是在开启浏览器安全扫描或拦截病毒的情况下，进入下载链接下软件。不点来路不明的链接，不扫不明的二维码，安装的时候最好能去插件。请尽量选择从手机软件的官方网站、信誉良好的第三方应用商店等正规渠道下载应用程序。例如苹果手机建议到苹果官方的 APP

Store 下载，而 Android 手机可以选择安卓市场、中国移动的应用市场等，否则容易下载"山寨应用软件"导致被盗用个人信息，甚至引起财产损失。

2. 下载前观察 APP 是否安全

在商城里查找 APP 时，注意看是不是有安全标识或认证标志，也能通过用户评语和下载量来辨别是不是安全。安装后看图标是否高清有感觉，再进入主页适当看内容简介部分是否齐全，有的冒牌软件是能看出来的。

3. 安装 APP 时要慎重

现在很多网站有各种"破解版""绿色版"等 APP 软件，比如 Office、Photoshop 最新版等一般下载后就需要进行解压，一解压出现几个恶意自带软件或是代码，甚至还有的直接在安装程序里嵌入吸费或其他不安全的代码。要小心这种压缩包，不要贪小便宜，尽量选择熟人用过的有保证的软件。

4. 应用权限要查看

在手机下载完安装的时候，会有应用权限的提示，下面点开就有各种读取短信、上网、开启 GPS 定位等基本权限，有的会带有吸费权限在里面，因为很多人下载软件不会去看权限设置。要看 APP 申请使用的权限是不是与用的功能有关系，没有必要就不用开了。用户在安装 APP 时，能够清晰地看到 APP 声明的全部行为和权限，用户也有权利允许或者拒绝 APP 所要求的权限。所以，用户自身在应用程序安装时应该认真查看应用程序类型及其申请的权限，判断是否有申请的权限，如果有则要谨慎选择是否安装，如果发现可疑，应果断中止安装。以某手机输入法为例，其所需的十几个权限中，包括 GPS/Wi-Fi 联网权限、精确定位权限、拍照录音权限、读取短信记录以及联系人记录等权限。其中，GPS/Wi-Fi 权限可用于自动更新词库，拍照录音权限等可用于设置输入法壁纸以及语音输入等。

5. 安装的版本要合适

现在手机 APP 最常用的就算安卓和苹果系统了，要下载适合自己手机的版本下载，留意更新，最好是使用系统自带的升级程序来更新。

6. 不轻易点击 APP 弹出广告

在使用移动 APP 时，不要轻易点击由 APP 弹出的广告链接，链接可能隐含不安全因素，带来消耗手机流量、泄露个人信息、导致手机中毒甚至造成财产损失等风险。同时也不要轻易点击任何陌生链接或扫描来源不明的下载二维码。如图 7-3 所示。

不轻易点击 APP 下载广告，谨防受骗。

图 7-3　小心 APP 下载广告

7. 安全软件来帮忙

除下载安装 APP 时的小心谨慎外，可安装可靠的移动安全防护软件，并时常为手机"体检"，正规安全防护软件会及时更新病毒库，提升智能手机安全性。一般手机都有自带的安全中心 APP，不要轻易下载网页推荐的东西，使用大众化的就行，在常规安全商城下载和安装。不要相信"下软件抽奖"这些就去下载不常用的软件，现在很多软件都是下载之后可以抽奖、领取话费等奖励；也不要为了小便宜打开下载链接，这很容易中毒或被扣除话费。

（五）用好手机自带的安全功能

很多人都忽视了手机自带的各种安全功能，用户只需要在设置菜单中简单地设置一下，就能大幅提高手机的安全性能和隐私保护水平。大部分智能手机都带有手机锁的选项，可以提高手机安全级别，只是很多用户都没有使用这个功能。比如不少智能手机都带有"手机管家""安全管理"等功能。目前来看，这是一种最安全的保护功能，它能确保只有机主本人才能够打开手机，并访问手机中存储的信息。

（六）对未知链接提高警惕

"你的好友最新上传的照片提到你点击查看""你的账户存在风险，点击修改信息"等，这些莫名其妙的链接经常出现在短信、邮件、微信中。不要因好奇去点击一个未知的链接，它有可能就是不法分子调取你手机里面个人信息的工具。如果不加分辨随意点击，你有很大可能落入了不法分子的陷阱。遇到含有未知链接的短信、网页等，做到不贪、不信、不点击链接。网络钓鱼是犯罪分子让你泄露个人数据或者是让恶意软件感染你手机的一种常用策略。如果你收到了陌生人的一条包含链接的信息，那么千万不要点击这个链接，因为点击进入之后，你的手机有可能会被偷偷植入木马和恶意软件，从而被窃取信息。

（七）网上测试，小心有诈

"测测你的名字运势""测测你的血型匹配""看看你的星座幸运度"……各种测试充斥微博、微信。但在你参与测试时，输入的姓名、生日、手机号码等，可能会被存入后台。不法分子通过对其梳理，完全有可能拼凑出完整个人信息，将其用于非法渠道。因此，遇到输入个人信息的情况一定要小心，别让游戏成为"窃密者"。

（八）管好手机银行

恶意攻击者会伪装成用户银行的工作人员，给用户发送电子邮件、短信、网站和链接，诱使用户安装该恶意应用程序。当恶意应用被安装后，它会邀请用户输入登录名和密码，从而获取用户的身份信息。实际上，大多数银行诈骗并非是由于银行的 IT 系统被攻破，而是因为用户在不知情的情况下，将个人银行信息给了恶意攻击者。不少以安卓手机为目标的恶意应用程序，还会在用户不知情且并未授权的情况下，将手机用户包括银行登录账号、密码及手机交易密码等信息秘密发送给攻击者。

因此，手机银行用户需从以下几方面注意：

（1）不轻易透露个人的银行信息；不向除银行工作人员以外的任何人透露您的银行卡号码或密码；不在短信或电子邮件中透露任何账户相关的信息；如果您收到金融机构发送来的短信，在阅读后最好能删除。

（2）不要轻信类似于"手机银行升级""手机银行到期"等一些信息，应在第一时间致电银行客服或到银行柜台求证；对伪装成来自银行的电子邮件（可能是钓鱼链接）不要轻易回复，从而避免感染上病毒；下载银行的移动应用程序之前进行确认，确保每次您访问的是真实可靠的银行软件；慎用任何可能是恶意的银行应用程序。

（3）尽量使用移动数据来操作手机银行，不要在陌生的Wi-Fi环境下进行手机支付。手机上最好安装密码安全控件，设置安全保护问题，申请安全证书，使用U盾、数字证书、手机动态口令等安全必备产品。

（4）手机丢失后，应第一时间打电话给银行和第三方支付供应商冻结相关业务。

（5）尽量要通过正规的手机应用市场下载手机银行支付软件，同时也要慎重选择安全系数较高的手机银行客户端。

（6）确保您的设备安全使用密码保护设备，并将设备设置为一段时间后自动锁定。切勿尝试破解或修改设备，因为这可能会使设备受到恶意软件的攻击。

（7）留意查看财务对账单，仔细查看财务对账单或交易明细，及时发现并处理任何异常情况。

（九）不要轻易打开 GPS 定位系统

手机的 GPS 模块可以方便我们导航、出行和娱乐，但同时，也可能暴露我们的位置信息。当用户的位置信息积累到一定量时，通过分析很容易推断出用户的工作地点、工作性质、家庭住址、生活规律等。目前，市面上有许多软件也都会访问和收集用户的位置信息，如一些社交类软件、导航类软件，甚至影音娱乐软件等。央视就曾曝光过苹果手机未经用户许可，窃取用户位置信息的消息。我们关闭定位功能后，系统中的许多软件将无法获取用户终端的位置信息，这在一定程度上提高了手机的安全性，所以，在平时应尽量将 GPS 开关置于关闭状态。

（十）为手机 SIM 卡设置密码

　　PIN 码是 SIM 的个人识别密码。手机的 PIN 码是 SIM 卡的一种安全措施，防止别人盗用 SIM 卡，如果启用了开机 PIN 码，那么每次开机后就要输入 4 位数 PIN 码。在输入三次 PIN 码错误时，手机便会自动锁卡，并提示输入 PUK 码解锁，需要使用服务密码拨打运营商客服热线，客服会告知初始的 PUK 码，输入 PUK 码之后就会解锁 PIN 码。

四、智能手机安全事件的应对措施

　　移动互联网时代，手机上的安全威胁并非只有"木马病毒"，针对智能手机的攻击、入侵无处不在，一旦发生手机安全事故，我们可以从以下几个方面进行应对：

（一）经常对手机数据进行备份

随着手机使用时间的增加，里面可能会存储一些重要的资料数据，为了防止手机丢失或出现故障时重要资料毁于一旦，应该及时定期地对手机数据进行备份。一方面，可以通过手机数据线，将"手机通讯录""记事本""照片"等资料拷入计算机里，需要时可以随时获取。另一方面，也可以利用手机的"同步"功能，将这些数据传输至网络云端，这可以通过一些手机管理软件来实现。当然，由于是将数据资料传至网上，"同步"前，应对待传输数据进行综合考虑，如果涉及重要信息或个人隐私，则最好不要采取"同步"功能。

（二）开启手机防盗功能

现在大多数主流的智能手机，都带有如"手机找回"等功能丰富的防盗追踪功能。简单地说，只要机主进行过防盗设置，都可以在手机丢失或被盗后通过计算机或另外一部手机对其进行全方位的监控，还可以通过远程控制，对丢失的手机进行数据删除、远程锁机、手机定位、启动手机报警、获得更换手机卡号码、秘密拍摄手机使用者照片等多种功能。如果之前对手机进行过详细的设置，机主完全可以让丢失的手机通过远程控制变成一块无法使用的"砖头"。同时，机主还可以获取丢失手机目前持有者的详细位置及照片。安卓智能手机需提前在手机官网注册并开启该功能，苹果智能手机一般来说这个功能默认是开启的，用户可以自行检查是否开启，没有开启应及时将其打开。如图 7-4 所示。

图 7-4　开启手机防盗功能

（三）取消软件"自动登录"功能

人都是有惰性的，懒得每次输入登录密码就是其中之一。QQ、微信，大家都习惯了打开就用，很少有人意识到很多诈骗都是从自动登录开始第一步的。手机丢失了、手机借人了……如果这时软件还在自动登录，可能会出现一些难以补救的后果。经常更换软件登录密码，长时间不用时尽量退出登录，不要因为害怕麻烦而给了不法分子可乘之机。

（四）旧手机，"告别"要彻底

现在的智能手机更新较快，无论是外观上、配置上，还是功能上、操作上，更新换代的周期越来越短。可能刚买的一部手机还不到一年的时间，使用者就会重新购买一台新手机。然而，淘汰下来的旧手机，却成了隐私泄露的重要渠道。换新手机时，很多人对旧手机不做任何处理便随意丢弃或转卖，有的用户尽管将旧手机恢复到"出厂默认设置"，甚至将其格式化，但通过技术手段，专业人员还是可以把旧手机里的短信、通讯录、软件甚至浏览记录等全部恢复，就连支付账号、信用卡等信息也可能被还原。

日前，武汉的陈先生把自己的一部闲置手机卖到了二手市场，转卖之前，他特意把手机的数据全部清空，并恢复了出厂设置。然而，万万没想到的是，在手机卖出的第二天，陈先生的很多亲友都开始接到一个陌生人的电话，自称是陈先生的朋友，现在急着给他办理住院手续，差 1 000 元钱。而且，这名陌生男子可以清楚准确地说出陈先生的名字、工作单位、联系人等信息！明明已经恢复了出厂设置，为何个人信息还是落到了骗子手中，这到底是怎么回事？原来，用户通过这种普通的数据删除，或者是恢复出厂状态，并不能真正清除手机数据，只是处于一个可覆盖状态。如果没有进行过新的数据写入操作，原先这些数据依然还留在手机设备里，通过数据恢复软件就能轻易找回被删掉的信息。正是这样，一些回收旧手机的生意非常红火，有回收者称，只需三四个小时，就能找回被删的通讯录、短信、照片等。那么，我们可以通过哪些手段，来彻底安全地"告别"旧手机呢？

（1）存储有个人账户资料的手机，尽量避免转卖，应当进行物理销毁，以规避暴露隐私的风险。

（2）如果确有出售必要，在转卖之前，务必做好彻底清理工作。在格式化手机或恢复出厂设置后，再存入一些无关文件如电影、容量较大的文件，将手机内存装满，然后再删除数据，这样就把原来手机中的重要数据替换掉了。即便被不法分子恢复，也只能恢复这些电影及较大的文件。

（3）使用一些"文件粉碎"软件，进行全盘擦除、彻底销毁，彻底删除手机上的资料。或到正规的手机回收机构或维修中心，让专业人士对手机数据进行彻底删除。手机发生损坏后应到正规的手机经营店维修维护手机，防止被植入病毒程序。

（4）使用智能手机时尽量将隐私文件存放在存储卡里，如果手机不用了，将存储卡取出妥善处理，也能最大限度地保护个人隐私。当然，最保险的方法就是，不要在手机里存放重要的私密信息。